ÖTZI
2.0

ANGELIKA FLECKINGER (HG.)

ÖTZI 2.0

Eine Mumie
zwischen
Wissenschaft,
Kult und
Mythos.

INHALT

Wissenschaft
Kult
Mythos

6
10
22
44
58
70
82
96
104
112
122
132
142
152
160

ANGELIKA FLECKINGER
EINE FASZINATION,
DIE ANHÄLT

BEAT GUGGER
EINE **ARCHÄOLOGISCHE SENSATION** BESCHÄFTIGT DIE WELT

ANDREAS PUTZER
FASZINATION **ÖTZI**

ELISABETH RASTBICHLER ZISSERNIG
DIE FUNDGESCHICHTE –
EINE ZUFALLSGESCHICHTE

MARK-STEFFEN BUCHELE
WAS IST SO TOLL AM ÖTZI?
EIN LEICHENFUND ALS MEDIENEREIGNIS

EDUARD EGARTER-VIGL
KRIMINALFALL ÖTZI

HANS KARL PETERLINI
ARBEITEN AN ÖTZI

CEES STRAUS
ÖTZI BY **KENNIS & KENNIS**

KARL C. BERGER
ÖTZIS **FLUCH**

ELISABETH VALLAZZA
WIRTSCHAFTSFAKTOR ÖTZI

LISELOTTE HERMES DA FONSECA
ÖTZI, **KEIN MENSCH** MEHR?

REINER SÖRRIES
DER **TOTE MENSCH** IM MUSEUM

KATHARINA HERSEL / VERA BEDIN
WO GEHT'S HIER
ZUM ÖTZI?

ALBERT ZINK
KONSERVIERT FÜR
DIE **EWIGKEIT?**

BILDNACHWEIS
IMPRESSUM

EINE **FASZINATION**, DIE ANHÄLT

Seit der Auffindung des Mannes aus dem Eis im Jahre 1991 hat er die Menschen fasziniert. Bis heute ist Ötzi immer wieder in den Medien präsent. Zahlreiche wissenschaftliche Disziplinen haben sich seither umfassend mit der Erforschung der Mumie und der Beifunde befasst. Eine Vielzahl von wissenschaftlichen Publikationen zu spezifischen Detailfragen ist erschienen, Tagungen wurden organisiert, der Mann aus dem Eis im übertragenen Sinne zerpflückt und durchleuchtet.

Dieser Band soll Ötzi erstmals über diesen wissenschaftlichen Aspekt hinaus hinterfragen. Welches Bild ist von ihm entstanden? Welche Rolle spielen dabei die Medien? Welche Entwicklung haben die Menschen genommen, die Ötzi in den vergangenen Jahren begleitet haben? Welche Phänomene sind um Ötzi herum entstanden, und zu welchen eigenartigen Auswüchsen hat das Ganze geführt?

Mit der fundierten Vorstellung des Fundkomplexes werden die Bedeutung und Einmaligkeit des Fundes unterstrichen und die Ereignisse kurz vor seinem Tod als ersten bekannten Kriminalfall der europäischen Geschichte geschildert. Mit den schier unglaublichen Zufällen im Zusammenhang mit der Auffindung und dank der modernsten, speziell entwickelten Konservierungstechnik ist es möglich, dass sowohl Ötzi als auch seine Welt einem breiten Publikum zugänglich gemacht werden können. In den Beiträgen wird der Bogen von der Rezeption des Mannes aus dem Eis in der Kunst und in den Medien, über wirtschaftliche und museale Aspekte hin zu kuriosen Geschichten rund um den Fund gespannt.

Großes Augenmerk wird dem „neuen Bild" des Mannes aus dem Eis gewidmet. Im Auftrag des Südtiroler Archäologiemuseums haben die Brüder Kennis und Kennis nach wissenschaftlichen Vorlagen eine neue naturalistische Rekonstruktion Ötzis angefertigt. Mit aufmerksamen Blick begegnet er heute den Besuchern und Besucherinnen des Südtiroler Archäologiemuseums und prägt unsere Vorstellung von einem steinzeitlichen Alpenbewohner. Ötzi gibt unserer Vergangenheit im wahrsten Sinne des Wortes ein „Gesicht", berührt auf die eine oder andere Weise und fasziniert Menschen aus aller Welt bis heute.

Viel Begeisterung, die uns, die wir am Mann aus dem Eis arbeiten dürfen, antreibt, ist in diesen Band eingewoben – und nimmt Sie mit auf eine Reise in eine erstaunlich lebendige Vergangenheit, die ihre Fortsetzung in der Gegenwart findet.

Dank sei allen Autorinnen und Autoren ausgesprochen, die sich eindringlich mit dem Thema „Ötzi" befasst haben, den Verlagshäusern Konrad Theiss und Folio sowie allen Mitarbeiterinnen und Mitarbeitern des Südtiroler Archäologiemuseums, die dazu beigetragen haben, diese Sammlung von Berichten und Geschichten vorzulegen.

DIE HERAUSGEBERIN **ANGELIKA FLECKINGER**

EINE **ARCHÄOLOGISCHE SENSATION** BESCHÄFTIGT DIE WELT

BEAT GUGGER

Wie viel Schatzgräber oder Indiana Jones steckt in jedem Archäologen? Für Konrad Spindler, dem verantwortlichen Archäologen, der Ötzi in den ersten Jahren wissenschaftlich betreute und erforschte, war die Mumie vom Tisenjoch eine große Erfüllung in seinem Beruf: «Jeder, der sich in jungen Jahren entschließt, das brotlose Archäologiegewerbe als Beruf zu ergreifen, träumt davon, so wie weiland Heinrich Schliemann in Troja und Mykene, einmal einen Goldschatz zu entdecken. Auch ich habe meinen „Schatz" gefunden». Ötzi war – und ist bis heute – für viele Menschen eine Sensation! Er wurde zu einem Thema der Medien, und gleichzeitig begannen sich wilde Spekulationen um sein Leben und seine Herkunft zu ranken.

Ötzi Medienstar. Seit den ersten Tagen war der Fund hoch in den Ötztaler Alpen in den Schlagzeilen: zuerst lokal, bald schon regional, und als sich die ersten Vermutungen um das hohe Alter bestätigen, wird die wissenschaftliche Sensation – verbunden mit einem eingängigen vertraulich wirkenden Namen – auch zu einem Thema in den internationalen Medien. Mit der Bekanntgabe der unvorstellbar frühen Datierung an der Pressekoferenz vom 25. Januar 1992 schafft es Ötzi sogar auf die Titelseite renommierter Presseorgane wie des Time Magazins.

Alte, durch unglückliche Umstände mumifizierte Körper wurden in den letzten 200 Jahren in Europa hin und wieder entdeckt etwa in Mooren oder im Salz. Die Menschen waren von diesen „Besuchern" aus der Vergangenheit fasziniert:

↪ **Time** – The weekly Newsmagazine
26.10.1992

↩ Blick über die **Ötztaler Alpen**

Orion Press, Tokyo
(Stern 12.10.1992)

Im 18. und 19. Jahrhundert stellte man sie als Kuriosa auf Jahrmärkten zur Schau, später erkannte man den historisch-wissenschaftlichen Wert der konservierten Toten, und das Museum wurde Ort der Aufbewahrung und Präsentation.

Das Besondere bei Ötzi ist neben seines hohen Alters vor allem die Tatsache, dass er nicht – wie zum Beispiel die ägyptischen Mumien – aus einer Bestattung stammt, sondern mit Kleidern und Ausrüstungsgegenständen ohne Beerdigungszeremonie mitten aus dem Alltag herausgerissen worden ist.

Die ganze Welt war fasziniert. Ötzi ist wie ein Zeitreisender – Träger von vielen Informationen aus einem ganz alltäglichen Leben am Ende der Steinzeit. Für die unterschiedlichsten wissenschaftlichen Disziplinen war es ein Glücksfund. Mit den richtigen Methoden aus Naturwissenschaft und Medizin gelingt es den Forschern seit 20 Jahren, dem Toten neue Geheimnisse zu entlocken – viele Ansätze gleichen den Untersuchungsmethoden der Gerichtsmedizin. Trotz intensiver Arbeit sind noch viele Fragen offen: Die Forschung an Ötzi geht weiter. Und immer, wenn neue Resultate zu verkünden sind, ist eine große mediale Aufmerksamkeit gewiss. Laut „Time Magazine" gehörte Ötzi 1991 zu den 25 berühmtesten Persönlichkeiten des Jahres – bis heute ist er prominent und mit Berichten in seriösen Zeitungen ebenso vertreten wie mit Sensationsnachrichten in der Boulevardpresse.

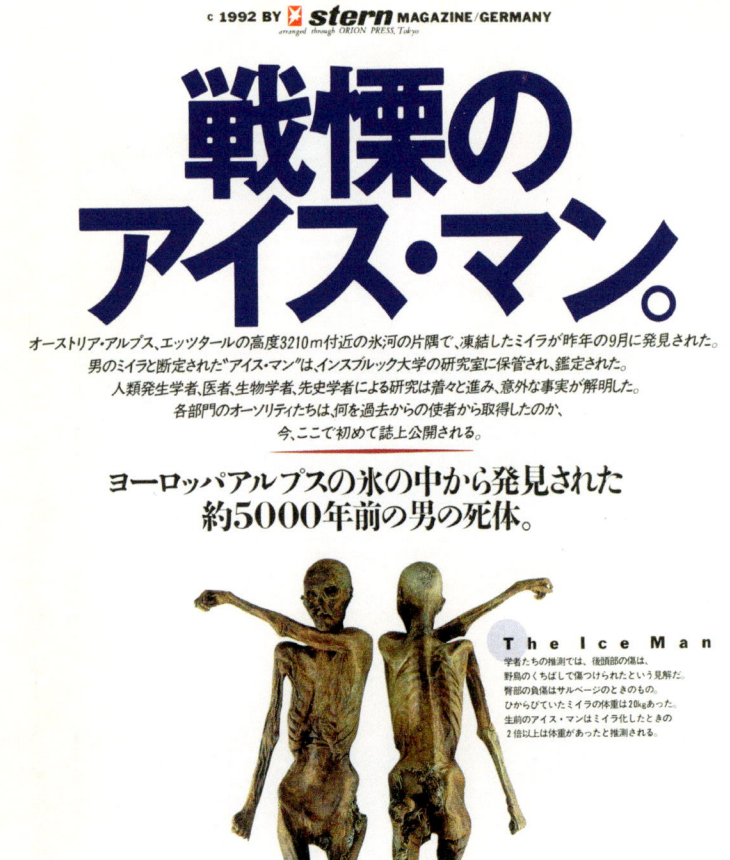

EINE ARCHÄOLOGISCHE SENSATION BESCHÄFTIGT DIE WELT

Ötzi als Projektionsfläche. Das Magazin „Stern" veröffentlicht im Juli 1992 den Beitrag „Was uns der Gletschermann erzählt" als Titelgeschichte. Unterstützt von einem eindrücklichen Titelblatt wird der Fund vom Tisenjoch im deutschsprachigen Raum einer breiten Öffentlichkeit bekannt gemacht. In der Redaktion in Hamburg gehen in den darauffolgenden Wochen eine große Zahl von unterschiedlichsten Leserreaktionen ein.

Auch das „Forschungsinstitut für Alpine Vorzeit" an der Universität Innsbruck wird zur Anlaufstelle für interessierte Laien. Jeder der Briefe wird beantwortet und abgelegt. Diese Korrespondenz, Kopien der Leserbriefe der „Stern"-Redaktion und die ab 1991 (bis zur Auflösung des Institutes 1998) gesammelten Medienartikel sind heute in mehreren Boxen im Archiv der Universität Innsbruck zusammengestellt. Eine der Schachteln trägt die Beschriftung „Kuriosa": Sie erwies sich als wahrer Schatz mit Geschichten, die „etwas" aus dem Rahmen fallen. Auch die seltsamsten Anfragen wurden gewissenhaft beantwortet und archiviert. Mit einigen Interessierten gibt es längere Briefwechsel.

↑ Stern (Juli 1992/ August 1993)

→ Die **Rückführung** des Mannes aus dem Eis am 16.01.1998

Meist nehmen die ausführlichen Schreiben auf die aus den Medien bekannten Anhaltspunkte zur Mumie, ihren Kleidern und Gerätschaften Bezug und kombinieren diese mit Mutmaßungen über Alter, Lebens- und Todesumstände von Ötzi zu einer eigenen Theorie. In der Sammlung gibt es wohl kein noch so abwegiges Thema, das nicht Inhalt eines Briefes wäre: Das geht vom Wiedererkennen von Ötzi als verstorbenen Verwandten bis zur Vermutung, hier den vermissten Schriftsteller Antoine de Saint-Exupéry gefunden zu haben. Ein Schreiber besteht darauf, an der Tätowierung seinen vor Jahren verschollenen Onkel Enno zu identifizieren. Die bei Ötzi gefundenen Schwämme seien „ganz eindeutig dem Hausrat der Tante Anneliese zuzuordnen". Mehrere Menschen melden sich beim Institut in Innsbruck und berichten, in einem früheren Leben der Eismann gewesen zu sein und sich nun als Reinkarnationen an die Zeit vor 5000 Jahren zu erinnern: Die deutsche Sozialpädagogin Renate Spieckermann sieht 1991 per Zufall in einer Zeitschrift einen Bericht über Ötzi und fühlt sich – mitten aus ihrem Alltag heraus – plötzlich in Fellkleider in eine steinzeitliche Höhle versetzt. Nach weiteren ähnlichen „Rückführungen" wendet sie sich an die Wissenschaftler in Innsbruck. Sie ist immer mehr davon überzeugt, vor 5000 Jahren im Körper dieses in den Alpen gefundenen Steinzeitmannes gelebt zu haben. Schließlich fasst sie ihre Visionen im Buch „Ich war Ötzi" zusammen.

Es gibt auch Kontaktaufnahmen mit Ötzi: Ein deutscher Parapsychologe berichtet, er habe im Oktober 1991 mit „instrumenteller Transkommunikation" – zwar nicht mit Ötzi selbst – doch mit einer „vermittelnden Wesenheit aus dem Jenseits" indirekt Kontakt mit dem vor rund 5000 Jahren Verstorbenen aufgenommen. Verschiedenste Vermutungen werden diskutiert wie zum Beispiel, dass Ötzi ein Opfer der Sintflut oder beim Untergang von Babylon in die Ötztaler Alpen ausgewandert sei. Eine abenteuerliche Theorie sieht in Ötzi aufgrund der Tätowierungen einen Außerirdischen.

↓ **Petr Jandáček** rekonstruiert die letzten Ereignisse im Leben des Mannes aus dem Eis

Doch bis heute hält die Begeisterung – und immer wieder auch die direkte Identifikation – mit Ötzi an: So meldete sich etwa anlässlich eines Vortrags in den Vereinigten Staaten der Kunstlehrer Petr Jandáček. Er lebt heute in Los Alamos, New Mexico. Sein Vater – ein großer „Pilz-Jäger" – floh in den Sechzigerjahren vor dem kommunistischen Regime aus der Tschechoslowakei. Nachdem Petr Jandáček sich lange intensiv mit Indianern beschäftigte, ist er heute überzeugt, ein direkter Nachkomme von Ötzi zu sein – schließlich stammt seine Familie aus der Gegend! Er hat die Kleider und Gerätschaften von Ötzi nachgebaut und sieht es als seine Aufgabe an, das Wissen und die Fertigkeiten des Mannes aus der Steinzeit an heutige Menschen weiterzuvermitteln.

Ötzi als „Homo tirolensis". Gefunden im Grenzgebiet zwischen Österreich und Italien wird Ötzi in den Neunzigerjahren für kurze Zeit auch zu einem Thema des historisch belasteten Verhältnisses zwischen Südtirol, Italien und Österreich.

Erst mit der genauen Vermessung des 1922 festgelegten Grenzverlaufs ist klar, dass die Fundstelle von Ötzi auf dem Gebiet der Autonomen Provinz Bozen liegt. In einem Vertrag wird festgehalten, dass die ersten wissenschaftlichen Untersuchungen in Innsbruck durchgeführt werden, der Fund aber, sobald in Südtirol die notwendige Infrastruktur aufgebaut ist, nach Bozen überführt und im neu eröffneten Südtiroler Archäologiemuseum ausgestellt werden sollte. Vor der Überführung drohte eine nie genau ausfindig gemachte Gruppe mit einem Anschlag, falls Ötzi an Italien – an die „Walschen" – ausgeliefert würde. Anknüpfend an die politisch motivierten Anschläge der Untergrundorganisation „Ein Tirol" in den Siebziger- und Achtzigerjahren in Südtirol, versuchte die Gruppierung, den Verbleib von Ötzi in Nordtirol gewaltsamen zu erzwingen und damit indirekt auf ihr Ziel, die Wiedervereinigung von Süd- und Nordtirol, hinzuweisen.

Das Forschungsinstitut und die Mumie musste mit einem aufwändigen Sicherheitsdispositiv geschützt werden. Der Transport von Ötzi am 16. Januar 1998 wurde mit einem großem Polizeiaufgebot auf der abgesperrten Brennerautobahn und mit Rotlicht blockierten Kreuzungen nach Bozen vorgenommen. Heute spielt Ötzi in der Auseinandersetzung der Nationalitäten fast nur noch in Karikaturen eine Rolle. Es zeigte sich, dass sich der „Zeitreisende" aus der Steinzeit nur schlecht für politische Auseinandersetzungen eignet.

1919

Die Staatsgrenze zwischen Italien und Österreich, nur 38 Kilometer südlich von Innsbruck entlang des Alpenhauptkamms, wurde 1919 im Friedensvertrag von Saint Germain festgelegt, als Italien die Prämie für seinen Kriegseintritt 1915 an der Seite der Entente ausgezahlt wurde. Somit wurde Italien ein Gebiet zugesprochen, das seit mehr als fünf Jahrhunderten zu Österreich gehört hatte und zu 99 Prozent von einer deutschsprachigen Bevölkerung bewohnt war.

↑ Ötzi-Fruchtgummi

Marke Ötzi. Seitdem Ötzi im Museum in Bozen ausgestellt ist, gehört er zu einer der wichtigen touristischen Attraktionen Südtirols. Jahr für Jahr wird das Museum von über 230 000 Besucherinnen und Besuchern aus der ganzen Welt besucht. Bei dem großen Interesse lässt natürlich die kommerzielle Vermarktung nicht lange auf sich warten: Ötzi-Schlüsselanhänger, Ötzi-Schokolade, Ötzi-Pizza, Ötzi-Eis sogar Ötzi-Fruchtgummi. Ein Off-Road-Suzuki „VITARA-Ötzi" wirbt für den Verkauf in Österreich und der Schweiz mit dem Slogan: „Ein Sondermodell für alle, die Unabhängigkeit schätzen". Inspiriert von Ötzis historischen Schuhen, versuchte ein Wiener 1992 die „Iceman-Boots" zu lancieren; durchgesetzt hat sich die Idee nicht – es blieb bei ein paar Werbebroschüren und einigen Prototypen.

In den letzten Jahren ist es allerdings etwas stiller um die Vermarktung des Mannes aus dem Eis geworden, da gewisse Markenrechte am Namen „Ötzi" durch verschiedene Patente geschützt sind. Nicht nachgelassen hat jedoch das Interesse an den Originalen im „Ötzi-Museum", dem Südtiroler Archäologiemuseum in Bozen: an der Mumie, ihren Kleidern und Ausrüstungsgegenständen.

Besonders präsent ist Ötzi vor allem in den beiden Tälern am Fuße der Fundstelle, dem italienischen Schnalstal und dem österreichischen Ötztal. Die seit prähistorischer Zeit benutzte Route ist heute als „Archäologischer Wanderweg" ausgewiesen und Teil des alpenquerenden Fernwanderweges. Nur eine Stunde neben

↑ Ötzi als **Briefbeschwerer**

↑ Ötzi als **Plakette** für den Wanderstock

der Hütte an der Hauptroute gelegen, ist die mit einer Steinpyramide markierte Fundstelle auf 3210 m ü. d. M. eine gerne besuchte Attraktion. Auch unten im Tal hat Ötzi zur Belebung des Tourismus beigetragen. In zwei Erlebnisparks beidseits der Fundstelle können Kinder und Erwachsene neben ausführlichen Informationen zu Leben und Welt des Mannes aus der Kupferzeit – unter Anleitung von speziell ausgebildeten Museumsmitarbeiterinnen und -mitarbeitern – Techniken aus Ötzis Zeit wie Bogenschießen, Brot am offenen Feuer backen oder Armbänder flechten in einer halben Stunde, bzw. auf der „Expedition Steinzeit" in einem Tag erleben. Mit der „Ötzis' World Card" wird den Gästen die „kostenreduzierte Teilnahme am gesamten Sommerprogramm ermöglicht". Für die Kinder gibt's den „ÖtziLino Kindergarten" oder den „Ötzi Mountain Club". Die Erwachsenen treffen sich im Sommerskigebiet an der „Ötzi Gletscher Bar". Souvenirs und Wander-Accessoires gibt's im „Ötzi Shop". Postkarten jeder Geschmacksrichtung lassen keine Kombination von Landschaft, Mumie und rekonstruierter Ötzi-Figur aus.

Der über 5000 Jahre im Eis verborgene Mann fasziniert und bewegt seit seiner Auffindung vor 20 Jahren Laien und Wissenschaftler, die ihm jedes erdenkliche Geheimnis zu entlocken versuchen. Ötzi ist in der Gegenwart angekommen: als Projektionsfläche für individuelle Steinzeitfantasien und archäologische Sensation im Dauereinsatz für die touristische Belebung und Vermarktung einer ganzen Region.

↓ Eine von vielen Ötzi-Statuen

FASZINATION ÖTZI

ANDREAS PUTZER

Das Interesse am Mann aus dem Eis und seiner Beifunde ist auch nach 20 Jahren noch nicht abgeklungen. Die Mumie sorgt immer wieder für Schlagzeilen in der internationalen Medienlandschaft und weckt das Interesse der Menschen aufs Neue. Auch ist der Wunsch vieler Wissenschaftler, den Funden ihre letzten Geheimnisse zu entlocken, noch nicht ausgeträumt. Die renommiertesten Forscher aus den unterschiedlichsten Fachrichtungen haben sich der Erforschung der Mumie und seiner Beigaben in den letzten beiden Jahrzehnten gewidmet. Wir wissen heute einiges übers sein Leben, seine Fähigkeiten und seine Umwelt. Trotz allem bleiben Fragen unbeantwortet und geben Anlass zu Spekulationen. Es sind weniger die Antworten, die zwar vielfach Staunen hervorrufen, sondern vielmehr die „offenen Fragen", denen sich Interessierte und Wissenschaftler leidenschaftlich widmen.

Sein zweites Leben beginnt. Der gute Erhaltungszustand der 5000 Jahre alten Feuchtmumie eröffnete bis dato ein unvorstellbares Betätigungsfeld für die interdisziplinäre Forschung. Ein von Konrad Spindler geäußertes Zitat, kurz nach Auffindung, bringt die Perspektive auf den Punkt: „Es war mir sofort klar, dass sehr viel Arbeit auf uns zukommen würde". Ötzi ist die am besten erforschte Mumie der Welt, da durch die gute Erhaltung der Weichteile, eine Beschädigung großteils vermieden werden kann. Ca. 100 wissenschaftliche Teams bestehend aus jeweils männlichen und weiblichen Archäologen sowie Botanikern, Medizinern, Gletscherforschern, Geologen, Physikern, um nur einige Fachrichtungen zu nennen, haben sich bemüht, „Ötzi" die Geheimnisse über sein Leben und seinen Tod zu entlocken. Dabei wurden für die Untersuchungen teilweise neue Verfahren entwickelt. Das Untersuchungsfeld ist bei weitem noch nicht erschöpft, vor allem wird die technologische Entwicklung auch in Zukunft zu neuen Erkenntnissen führen.

→ Vorderansicht des Körpers
↵ Similaun

Das sensationelle Alter des Fundes. Bei der Entdeckung und Bergung der Mumie und ihrer Beifunde war niemanden klar, wie alt die Mumie war, bzw. aus welcher Zeit sie stammte. Man glaubte, einen Alpinisten aus unseren Tagen entdeckt zu haben oder etwa einen Soldaten aus dem Ersten Weltkrieg. Reinhold Messner, der sich zufällig am Fundort befand, vermutete ein Alter von mindestens 3000 Jahren, da ihm am Körper vorhandene Linien aufgefallen waren. Erst einige Tage nach der Bergung wurde ein Archäologe hinzugezogen. Konrad Spindler, Ordinarius für Ur- und Frühgeschichte der Universität Innsbruck, datierte anhand der Typologie des Beils den Fundkomplex auf mindestens 4000 Jahre. Gewissheit brachte erst die sogenannte Radiokarbondatierung bzw. C-14-Methode, eine in der Archäologie häufig angewandte Untersuchung zur Altersbestimmung von antiken Objekten. Für die Radiokarbondatierung wurden Proben vom Körper und der Beifunde entnommen und an vier verschiedenen Instituten untersucht. Die Ergebnisse waren eindeutig: Ötzi lebte zwischen 3350 und 3120 v. Chr. In den letzten 20 Jahren wurden weitere Datierungen an seinen Beifunden durchgeführt, die das Alter des Fundkomplexes bestätigen.

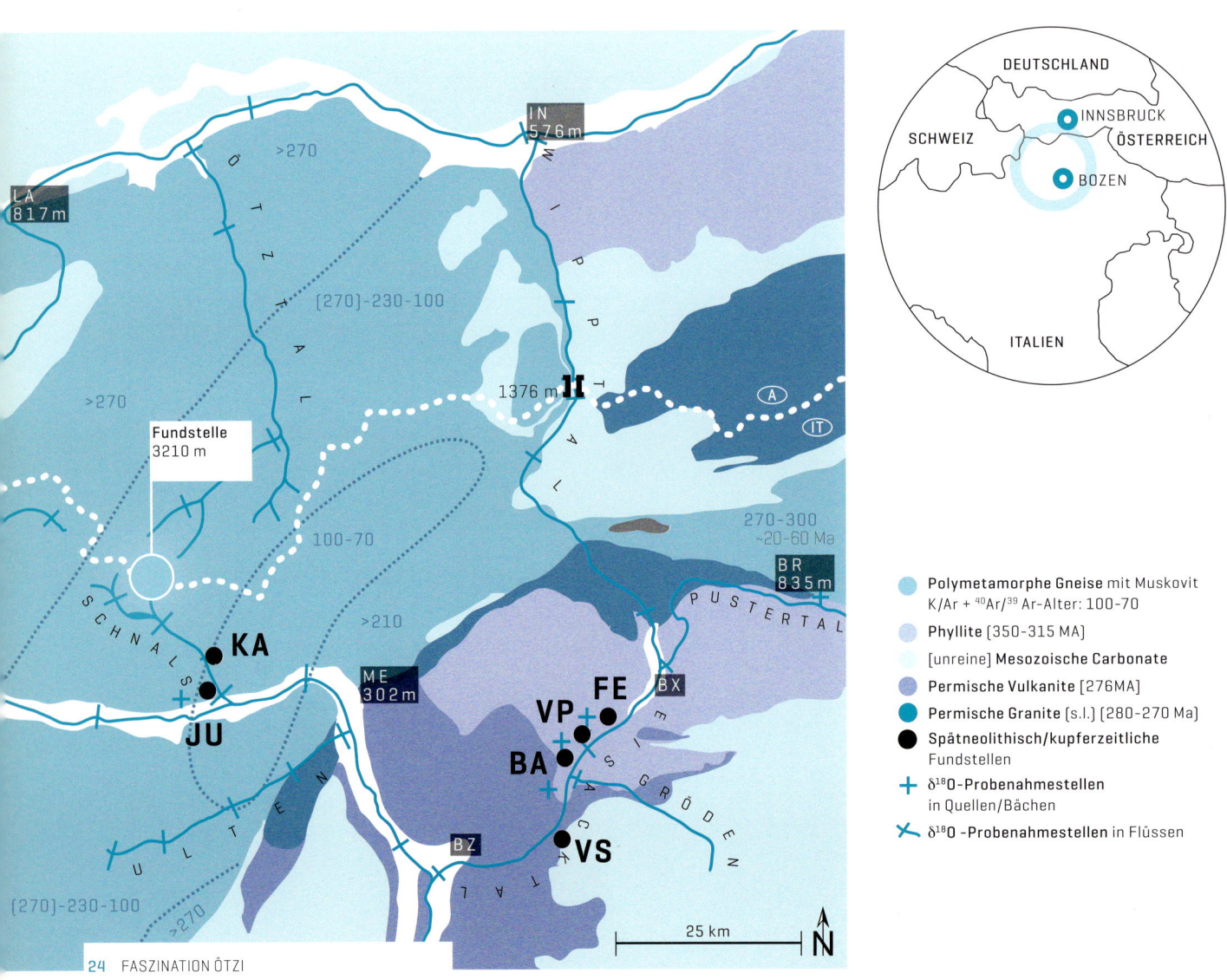

C-14

Im Gewebe eines jeden Lebewesens lagert sich das radioaktive Kohlenstoffisotop C-14 ab. Beim Ableben bricht die C-14-Zufuhr ab, und es beginnt sich abzubauen. Nach 5730 Jahren ist die Hälfte zerfallen. Mithilfe eines Beschleuniger-Massen-Spektrometers (AMS) kann das noch vorhandene C-14-Isotop ermittelt und somit das Alter eines Lebewesens bestimmt werden.

Wie alt war Ötzi, als er starb? Alter und Herkunft. Um das Sterbealter einer erwachsenen Person zu bestimmen, wird die Knochenstruktur nach altersbedingten Veränderungen untersucht. Die Knochen bestehen aus Zellen, die bei einer lebenden Person wachsen, absterben und ersetzt werden. Dieser Zyklus endet mit dem Tod und hinterlässt Spuren. Ausschlaggebend für die Ermittlung des Sterbealters ist die Anzahl der Osteonen, einem Bauelement des Knochengewebes, und deren Ausdehnung bzw. Größe. Zu diesem Zweck wurden Proben aus Ötzis Oberschenkel- und Unterarmknochen zur Analyse entnommen. Unterm Mikroskop wurde die Anzahl der Osteone in der Knochenrinde gezählt und deren Ausdehnung ermittelt. Durch Hochrechnungen dieser Parameter konnte so das Sterbealter von Ötzi auf 45 bis 46 Jahre bestimmt werden, wobei eine Abweichung von plus oder minus fünf Jahren möglich ist. Der Mann aus dem Eis hat somit, für die Kupferzeit, ein relativ hohes Alter erreicht.

Wo hat Ötzi gelebt? Im Zahnschmelz und in den Knochen eines Menschen lagern sich Mineralstoffe ab, die man im Laufe seines Lebens über die Nahrung vom Boden und vom Wasser aufnimmt. Der Zahnschmelz bildet sich in den ersten Lebensjahren und gibt somit Auskunft über die Herkunft einer Person. Um eventuelle Wohnortwechsel nachzuweisen, werden zudem Röhrenknochen nach ihrem Strontium-, Blei- und Sauerstoffgehalt untersucht und mit Boden- und Wasserproben verglichen. Damit der Geburtsort von Ötzi ermittelt werden konnte, wurde Zahnschmelz von seinen Eckzähnen entnommen und mit Boden-, Gewässer- und Zahnschmelzproben moderner Menschen verglichen. Der Sauerstoffgehalt des Zahnschmelzes und der Knochen ergab, dass Ötzi südlich des Fundortes aufgewachsen war und

← Die geologische Karte verdeutlicht die möglichen **Lebensräume** des Mannes aus dem Eis

auch gelebt hat. Das Kindesalter verbrachte der Mann aus dem Eis auf kristallinen Böden, wie sie im Eisacktal vorkommen, wobei Bodenproben aus Feldthurns die höchste Übereinstimmung aufwiesen. Im Erwachsenenalter, in den letzten zehn bis 20 Lebensjahren, hat er sich auf vulkanischen Böden aufgehalten. Vermutlich lebte er im Etschtal, wobei kein genauerer Aufenthaltsort ermittelt werden konnte. Erst kurz vor seinem Tod hat er sich auf den Weg ins Schnalstal gemacht. Bis dato wurde der Wohnort von Ötzi auf Schloss Juval, am Eingang des Schnalstals, vermutet, was jedoch aufgrund der Untersuchungen ausgeschlossen werden konnte.

Schlüssel des Lebens. In allen Lebewesen kommt das Molekül Desoxyribonukleinsäure (kurz DNS oder DNA) vor, das die Erbinformationen enthält. Die DNA-Sequenz eines Menschen ist wie ein Fingerabdruck, es kann zwar manchmal Ähnlichkeiten geben, aber jede Sequenz ist einzigartig. Man unterscheidet zwischen nuklearer oder genomischer und mitochondrialer DNA. Die genomische DNA enthält die Gene, die uns etwas über den Aufbau des Organismus und dessen Organisation verraten und ermöglicht Rückschlüsse über eventuelle Erbkrankheiten. Über die mitochondriale DNA können Verwandtschaftsverhältnisse nachgewiesen werden, sie wird nur mütterlicherseits vererbt. Die Untersuchungen an der DNA müssen unter sterilen Bedingungen durchgeführt werden, da ansonsten die Ergebnisse durch Verunreinigung mit moderner menschlicher DNA verfälscht werden. Im Besonderen gilt dies für Untersuchungen an antiker DNA, die über 5000 Jahre alt ist. An Ötzi konnte über viele Jahre nur die mitochondriale DNA extrahiert werden, die in Untergruppen, den sogenannten Haplogruppen unterteilt wird. Ötzi konnte der Haplogruppe K zugeordnet werden, die vor allem rund um die Alpen verbreitet ist und seit 12 000 Jahren existiert. Die Haplogruppe K ist häufig in der ladinischen Bevölkerung Südtirols vertreten, die in den Dolomiten lebt. Ötzi gehört damit zur mitteleuropäischen Bevölkerungsgruppe, sein Verwandtschaftsverhältnis zur ladinischen Volksgruppe muss noch eingehender untersucht werden.

→ Grabungen an der Fundstelle

Grabungen im Eis. Bereits am 25. September 1991 machte sich ein Forscherteam auf den Weg zur Fundstelle am Tisenjoch, um nach weiteren Gegenständen des Mannes aus dem Eis zu suchen. Prompt wurde man fündig und konnte den Köcher samt Inhalt nach zweistündiger Freilegung bergen. Die erste eigentliche Ausgrabung fand vom 3. bis 5. Oktober 1991 statt. Die Untersuchungen beschränkten sich auf den Bereich des Felsblocks, auf dem der Körper Ötzis bäuchlings gelegen hatte. Dabei fand man ein Grasgeflecht, Leder- und Fellstücke sowie Teile eines grobmaschigen Netzes aus Grasschnüren. Westlich davon fanden sich die Reste eines Birkenrindenbehälters mit Inhalt. Der frühe Wintereinbruch verhinderte weitere Untersuchungen. Die zweite Grabung fand unter der Leitung des Amtes für Bodendenkmäler der Autonomen Provinz Bozen vom 20. Juli bis 25. August 1992 statt. Durch den harten Winter hatten sich an der Fundstelle sieben Meter Schnee angesammelt, der mühevoll weggeschaufelt wurde. Anschließend wurde die gesamte Felsmulde mithilfe von Industrieföhns und Dampfstrahlern freigeschmolzen.

→ Sterile Arbeitsbedingungen im DNA-Labor

BRAUNE AUGEN!

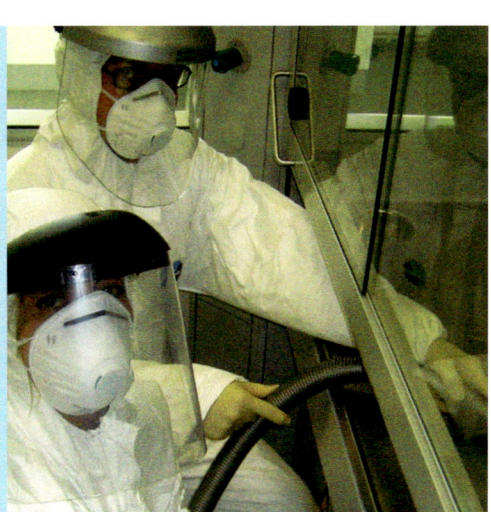

Eine neue Forschungsreihe ist angelaufen – 2010 ist es erstmals gelungen, 95 Prozent des Zellkern-Genoms zu isolieren. „Die Fülle der Daten bringt ein Universum an Möglichkeiten", sagt Albert Zink von der Europäischen Akademie in Bozen. Der spannendste Teil der Arbeit wartet jedoch noch auf die Wissenschaftler: Die riesigen Datenmengen, die nun vorliegen, können viele Fragen beantworten. Gibt es heute noch lebende Nachfahren von Ötzi und wo leben diese? Welche genetischen Mutationen kann man zwischen früheren und heutigen Populationen festmachen? Welche Rückschlüsse kann man aus der Untersuchung von Ötzis Genmaterial und seinen Krankheitsveranlagungen auf heutige Erbkrankheiten oder andere heutige Erkrankungen wie Diabetes oder Krebs ziehen? Wie wirken sich diese Erkenntnisse auf die heutige Forschung in der genetischen Medizin aus? Auch werden alte Forschungsergebnisse widerlegt, so konnte nachgewiesen werden, dass Ötzis Augenfarbe braun und nicht wie bisher angenommen grau-blau war. Man kann gespannt in die Zukunft blicken.

Das dabei entstandene Schmelzwasser wurde abgeleitet und mehrmals gesiebt, um kleinste Funde nicht zu verlieren. Im Sediment der Felswanne konnte eine Reihe von Ausrüstungsteilen des Mannes geborgen werden. Unter anderem fanden sich Leder- und Fellreste, Gräser und Schnüre, Hautteile, Haare und ein Fingernagel. Auch barg man das im Vorjahr abgebrochene Bogenende. Als Höhepunkt entpuppte sich der Fund der Bärenfellmütze, sie lag am Fuß des Felsblocks. Nach siebenwöchiger Arbeit war das Fundgelände aus archäologischer Sicht erschöpft.

Die Bekleidung und Ausrüstung des Mannes aus dem Eis. Nicht weniger bedeutend für die Forschung sind die Kleidungsstücke und Ausrüstungsgegenstände des Toten. Ötzi wurde aus der Mitte des Lebens gerissen, dies ermöglichte ein unverfälschtes Bild kupferzeitlichen Alltagslebens nachzuzeichnen – wenn auch ein sehr außergewöhnliches. Archäologen sind meist mit Funden aus Siedlungen oder Gräberfeldern konfrontiert, wo sich organische Materialien kaum erhalten. Deshalb ist es oft nicht möglich, Rückschlüsse über das Alltagsleben oder die ehemaligen Besitzer zu machen. Erschwert wurde die wissenschaftliche Forschung durch die Einzigartigkeit des Fundkomplexes vom Tisenjoch. Man bedenke, dass Ötzis Bekleidung zum Teil heute noch die einzigen kupferzeitlichen Kleiderfunde sind.

← Ausrüstungsgegenstände an der Fundstelle

Die Restaurierung und Konservierung der Beifunde. Bereits einige Tage nach Entdeckung wurden Experten der Werkstätte des Römisch-Germanischen Zentralmuseums in Mainz (D) für die fachgerechte Konservierung und Restaurierung der Beifunde zurate gezogen. Es begann eine aufwändige und minutiöse Aufarbeitung aller Funde, die in mehreren Phasen abgewickelt wurde: katalogisieren, fotografieren und teilweise röntgen. Anschließend wurden sie mit destilliertem Wasser vorsichtig gereinigt und für die Materialbestimmung beprobt. Um die Funde zu konservieren, wurden sie mit speziellen Lösungen behandelt und anschließend gefriergetrocknet. Erst dann begann die eigentliche Arbeit, und zwar das Zusammenfügen der vielen Einzelteile. Man bedenke, dass die Fellederbekleidung in 100 Fetzen zerrissen war, und niemand vorher eine Ahnung vom Schnitt kupferzeitlicher Kleidung hatte.

Der Grasumhang. Unter Kopf und Oberkörper der Mumie befand sich ein Grasgeflecht. Bei den Nachuntersuchungen konnte ein weiteres Fragment in unmittelbarer Nähe des Felsblocks, auf dem Ötzi lag, geborgen werden. Durch die Nähe zur Mumie wird angenommen, dass es sich um ein Kleidungsstück handelt. Der Grasumhang wurde hauptsächlich aus Bündeln der Fiederzwenke (Brachypodium pinnatum), einem in Europa heimischen Süßgras, hergestellt. Andere Grasarten wie das Blaue Pfeifengras, das Borstengras und ein Straußgras-Typ wurden in geringen Mengen miteingearbeitet. Vom Umhang hat sich nur etwa ein Viertel erhalten. Die Länge betrug ca. 90 cm und reichte Ötzi bis zu seinen Knien. Der Grasmantel eignet sich hervorragend als Regenschutz. Ethnologische Vergleiche belegen, dass Grasmäntel bis ins 20. Jahrhundert hinein in Europa getragen wurden. In der Vergangen-

← Zeichnerische Dokumentation des Grasumhangs

heit wurde der Grasumhang häufig als Matte oder als Geflecht für die Rückentrage angesprochen. Gegen die Interpretation als Matte spricht die Tatsache, dass der Umhang nur an einem Rand eingeflochten ist und sich nach unten hin verbreitert. Zudem hängen die Grasbüschel am unteren Ende frei herab. Eine Matte hätte wohl eingeflochtene Ränder und eine vermutlich rechteckige Form. Gegen die Nutzung als Geflecht für die Rückentrage spricht der Auffindungsort, der weit abseits von der Rückentrage lag.

Der Lendenschurz. Der Schurz besteht aus rechteckigen Streifen von Ziegenleder, die miteinander vernäht wurden. Als Nähmaterial wurden gezwirnte Tiersehnen verwendet. Der Lendenschurz muss ursprünglich ca. 1 m lang gewesen sein, da der erhaltene Vorderteil 50 cm lang und 33 cm breit ist. Der Schurz wurde zwischen den Beinen durchgezogen und an einem Gürtel befestigt.

Die Beinkleider. An den Beinen trug der Mann aus dem Eis zwei Beinröhren, die aus der Ethnologie allgemein als „Leggings" bekannt sind. Im Gegensatz zu Hosen werden sie mithilfe eines Lederriemens an einem Gürtel befestigt. Hergestellt sind sie aus vielen kleinen Fellstücken der Hausziege und mit Tiersehnen in Überwendlingsstich von der Rückseite aus vernäht. Am unteren Ende haben die Leggings eine zungenförmige Lasche aus Hirschfell, die in die Schuhe gestopft wurde. Die Beinkleider weisen starke Gebrauchsspuren und Reparaturen auf, die für eine lange Nutzungsdauer sprechen. Im Jahre 2004 wurde am Schnidejoch im Berner Oberland (Schweiz) ein vergleichbares Beinkleid gefunden. Der Fund ist zwar jünger als Ötzis Beinkleider (2914–2621 v. Chr.), aber es scheint, dass die Verwendung dieser Art von Beinkleidern in der Kupferzeit weit verbreitet war.

↑ Lendenschurz
↓ Teil des Fellmantels

Der Fellmantel. Der Mantel des Mannes ist mit großer Wahrscheinlichkeit aus Fellen der Hausziege hergestellt. Er hat ein Muster, das durch das Vernähen von braunen und schwarzen Fellstreifen entstanden ist. Das Nähmaterial besteht aus Tiersehnen. Die sauber angeordneten Nähte zeugen von einer fachgerechten Herstellung. Am Mantel sind auch Reparaturen mit Grashalmen durchgeführt worden, die nicht sehr sorgfältig ausgeführt sind und vermutlich von Ötzi selbst gemacht wurden. An der Fleischseite finden sich Schabspuren und Verschmutzungen, die infolge der Gerbung der Felle mit Fett und Rauch entstanden sind. Der Mantel wurde vorne offen getragen, da Verschlussvorrichtungen fehlen. Vermutlich hat Ötzi seinen Gürtel zum Verschließen des Mantels verwendet. Von den Ärmeln hat sich nichts erhalten, deshalb bleibt unklar, ob der Mantel ärmellos war oder nicht.

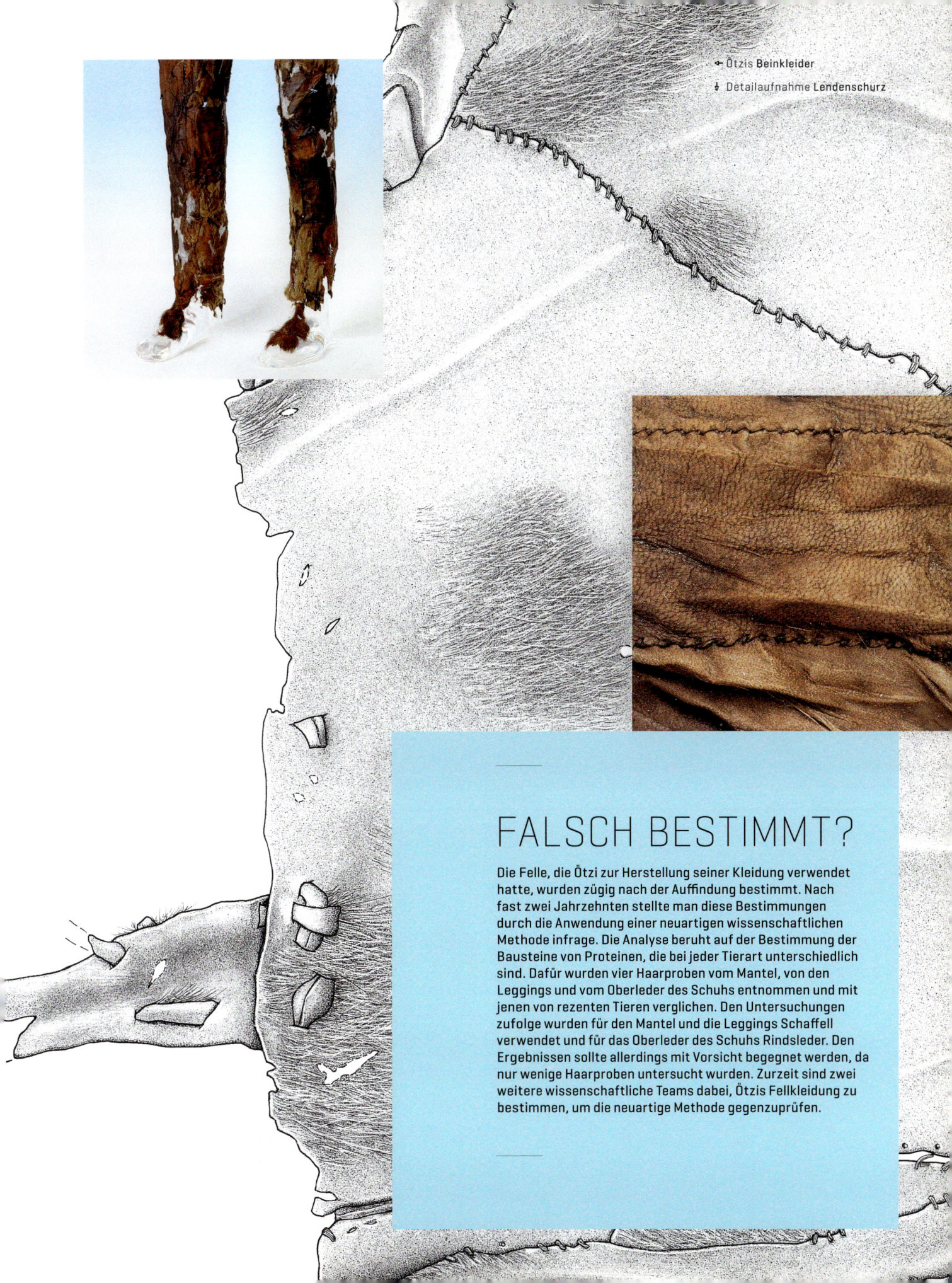

← Ötzis Beinkleider

↓ Detailaufnahme Lendenschurz

FALSCH BESTIMMT?

Die Felle, die Ötzi zur Herstellung seiner Kleidung verwendet hatte, wurden zügig nach der Auffindung bestimmt. Nach fast zwei Jahrzehnten stellte man diese Bestimmungen durch die Anwendung einer neuartigen wissenschaftlichen Methode infrage. Die Analyse beruht auf der Bestimmung der Bausteine von Proteinen, die bei jeder Tierart unterschiedlich sind. Dafür wurden vier Haarproben vom Mantel, von den Leggings und vom Oberleder des Schuhs entnommen und mit jenen von rezenten Tieren verglichen. Den Untersuchungen zufolge wurden für den Mantel und die Leggings Schaffell verwendet und für das Oberleder des Schuhs Rindsleder. Den Ergebnissen sollte allerdings mit Vorsicht begegnet werden, da nur wenige Haarproben untersucht wurden. Zurzeit sind zwei weitere wissenschaftliche Teams dabei, Ötzis Fellkleidung zu bestimmen, um die neuartige Methode gegenzuprüfen.

← Ötzis **Fellmütze**

← Detailaufnahme der **Gürteltasche**

Die Mütze. Bei den Nachgrabungen im Jahre 1992 konnte am Fuße des Felsblocks eine Mütze aus Bärenfell gefunden werden. Sie besteht aus mehreren miteinander vernähten Fellen vom Braunbär. Das Fell hat sich hervorragend erhalten, da die Mütze tief in der Rinne zu liegen kam und deshalb vom Eis besser konserviert wurde. Sie hat einen Durchmesser von ca. 52 cm und eine halbkugelige Form. Mithilfe von Lederriemen konnte sie am Kinn festgemacht werden. Die Kinnriemen sind an den Enden abgerissen, höchstwahrscheinlich handelt es sich um antike Risse.

Die Schuhe. Die Schuhe des Mannes sind sehr aufwändig und kompliziert konstruiert. Bis heute gibt es noch keinen vergleichbaren prähistorischen Schuh. Der rechte Schuh befand sich bei der Bergung des Toten noch am Fuß und wurde erst später für die Restaurierung abgenommen. Die Sohle des Schuhs besteht aus Bärenleder, das mit der Fellseite nach innen getragen wurde. Am Rande der Sohle befand sich ein Lederriemen, an dem ein Netz aus Lindenbast befestigt war. In diesem Geflecht war Heu gestopft worden, um den Fuß zu wärmen. Das Geflecht war zusätzlich mit einem Oberleder versehen, das vorne mit der Sohle vernäht wurde. Vom Fersenbereich hat sich nichts erhalten. Versuche haben gezeigt, dass sich mit den rekonstruierten Ötzi-Schuhen im Hochgebirge sehr gut wandern lässt. Der Querriemen an der Sohle ermöglicht einen guten Halt. Weniger geeignet sind sie bei Regen oder auf Schnee, weil man sehr schnell nasse Füße bekommt.

↓ Vom linken **Schuh** hat sich nur das Netz aus Bast erhalten

Der Gürtel mit Gürteltasche. Der aus Kalbsleder gefertigte Gürtel hatte eine ursprüngliche Länge von zwei Metern und konnte zweimal um die Hüfte geschlungen werden. Wie bereits erwähnt, diente er dazu, die Leggings und den Lendenschurz zu halten. In der Mitte des Gürtels ist ein rechteckiger Lederstreifen aufgenäht, der so ein Täschchen bildet. Ein am Täschchen angebrachter Lederriemen diente vielleicht als Verschluss. Am Gürtel war eine Bastschnur befestigt, die dazu diente, weitere Geräte, beispielsweise den Retuscheur, festzubinden. Jüngst wurde die Vermutung geäußert, dass es sich um zwei Gürtel handeln könnte, da dem Mann ein zweiter Gürtel zum Schließen seines Mantels fehlt. Der Inhalt des Täschchens bestand aus drei Feuersteingeräten, einem Knochengerät und einem Zunderschwamm. Die Geräte wurden von Ötzi als Werkzeuge zur Bearbeitung von Holz oder Knochen verwendet. Der Zunderschwamm diente zum Feuermachen, in trockenem Zustand ist er durch Funkenschlag leicht entzündbar.

→ Das Beil
↓ Dolch und Dolchscheide

Das Beil. Der für die Archäologie bedeutendste Ausrüstungsgegenstand des Mannes ist sein Kupferbeil. Es besteht aus einer Knieholmschäftung von ca. 60 cm Länge, die aus dem Kernholz eines Eibenstammes geschnitzt wurde. Die Klinge ist trapezförmig und besteht aus fast reinem Kupfer (99,7 Prozent) mit geringem Anteil an Arsen und Silber. Mit Birkenteer und mit einem Lederriemen war sie an der Schäftung befestigt. Die Klinge wurde im Guss hergestellt und anschließend geschliffen. Es zeigen sich keine Dengelspuren, die auf eine Kaltbearbeitung des Metalls hinweisen. Versuche mit rekonstruierten Kupferbeilen haben gezeigt, dass damit auch ein Baum gefällt werden kann. Auch war es Ötzi gut möglich, das Beil als Waffe einzusetzen.

Der Dolch mit der Bastscheide. Die dreieckige Klinge des Dolches besteht aus Feuerstein, dem Stahl der Steinzeit, und ist ca. 7 cm lang. Der Feuerstein wurde von weither importiert, vermutlich stammt er aus den Monti Lessini östlich des Gardasees. Wäre die Klinge nicht mit dem dazugehörenden Griff aus Eschenholz gefunden worden, hätte man sie vermutlich als Speer- oder Lanzenspitze interpretiert. Die Klinge war in einer Kerbe im Holz eingeschoben und zusätzlich mit Tiersehnen befestigt. Die Spitze des Dolches ist bereits zu Ötzis Zeit abgebrochen, vielleicht infolge eines Kampfes. Der Feuersteindolch fand sich in einer 12 cm langen dreieckigen Scheide aus Lindenbast, die in Zwirnbindung hergestellt war. Am Scheidenmund befindet sich ein Lederstreifen, mit dessen Hilfe die Bastscheide am Gürtel festgebunden wurde.

Der Retuscheur. Der Retuscheur ist einer der Ausrüstungsgegenstände, der die Wissenschaftler zum Grübeln gebracht hat. Das etwa 11 cm lange entrindete Stück eines Lindenasts ist an einer Seite spitz und an der anderen gerade abgeschnitten. Im Markkanal befindet sich ein Stift aus Hirschgeweih, dessen Spitze mit Feuer gehärtet wurde. Das Objekt erinnert stark an einen Bleistift. Versuche haben ergeben, dass es sich um einen Druckstab bzw. Retuscheur zum Bearbeiten von Feuerstein handelt. Man kann damit in Feinarbeit beispielsweise eine Pfeilspitze oder Dolchklinge herstellen. War der Stift abgenutzt, wurde der Retuscheur wie ein Bleistift nachgespitzt.

Das Tragegestell. Unweit der Mumie auf einem Felssims fand sich das Tragegestell des Mannes. Es handelt sich um einen U-förmig gebogenen und entrindeten Haselstock und zwei grob zugearbeiteten Lärchenbrettchen. Bei den Nachgrabungen im Jahre 1992 fanden sich die Fragmente eines dritten Brettchens. Bald erkannte man, dass es sich um den Rahmen eines Tragegerüsts handelt, das der Mann zum Transport seiner zahlreichen Gegenstände mit sich führte. Unklar bleibt, was für eine Tragevorrichtung am Rahmen befestigt war. Man fand in der Nähe zahlreiche Schnur- und wenige Fellreste. Die wenigen Fellreste genügen nicht zur Rekonstruktion eines Tragesacks. Eher scheint ein Netz aus Lindenbastschnüren am Rahmen befestigt gewesen zu sein.

⇩ Das Tragegestell
⇩ Der Retuscheur

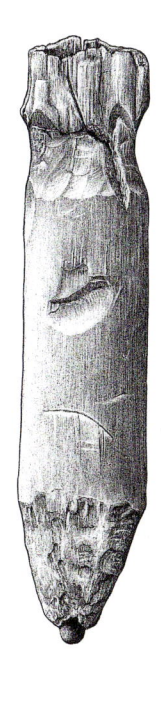

↑ Der Bogenstab

↓ Röntgenaufnahme des Köchers

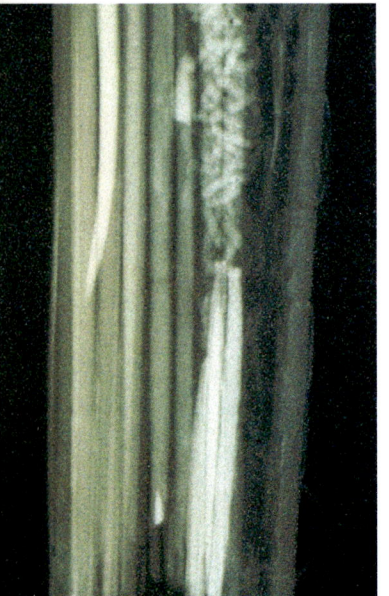

Der Bogen. Der Bogen ist 182,5 cm lang und damit größer als Ötzi. Gefertigt wurde er aus dem Holz der Eibe, das sich besonders gut zur Herstellung von Bögen eignet. Die noch vorhandenen Bearbeitungsspuren und die fehlenden Nocken zum Befestigen der Bogensehne deuten darauf hin, dass der Bogen noch nicht fertig war. Wenige Arbeitsschritte wie das Glätten und das Anbringen von Nocken hätten gereicht, um den Bogen zu benützen. Bei der Restaurierung fiel den Technikern auf, dass vom Bogen ein ranziger Geruch ausging. Aus ethnologischen Quellen weiß man, dass häufig Tierfett verwendet wurde, um das Bogenholz elastisch zu halten. Die verwendete Substanz konnte bei chemischen Untersuchungen allerdings nicht mehr nachgewiesen werden. Experimente haben gezeigt, dass es sich beim Bogen von Ötzi um eine hochgefährliche Waffe handelt. Selbst bei einer Distanz von 30–50 m wird ein Tier vom Pfeil durchschlagen.

Der Köcher und sein Inhalt. Der Köcher ist aus einem großen Fellstück angefertigt, hat eine länglich-rechteckige Form und wurde seitlich mit einem Haselnussstock verstärkt. Das Fell stammt mit großer Wahrscheinlichkeit von einer Gämse. Die Köcherversteifung war bereits zu Lebzeiten des Mannes in drei Teile zerbrochen. Die Verschlussvorrichtung des Köchers hat sich nur teilweise erhalten, auffallend sind die kunstvoll angebrachten Nähte. Im Inneren des Köchers fanden sich 14 Pfeile, wobei nur zwei der Pfeile mit Feuersteinspitzen bewehrt waren. Die zwölf Rohlinge waren entrindet und mit einer Kerbe zum Einlegen der Bogensehne versehen. Spitzen und Befiederung fehlen. Die Pfeilschäfte sind aus den Ästen des Wolligen Schneeballs gefertigt, die sich besonders gut eignen, weil sie meist gerade wachsen. Die beiden fertigen Pfeile hatten eine Spitze aus Feuerstein, die mit Birkenteer und einer Umwicklung aus Tierhaaren am Schaft befestigt waren. Einzigartig ist die Erhaltung der Befiederung der Pfeile, die radial am Schaft angebracht wurden und dem Pfeil die nötige Stabilität in der Flugphase verleihen. Einer der Pfeile hat einen Vorschaft aus Holz vom Hartriegel. Im Köcher fanden sich außer den Pfeilen vier Hirschgeweihspitzen, die mit Bast verschnürt waren, zwei Tiersehnen und eine Geweihspitze. Außerdem enthielt er noch eine bis zu zwei Meter lange Schnur aus Lindenbast, die Ötzi notfalls als Bogensehne hätte verwenden können.

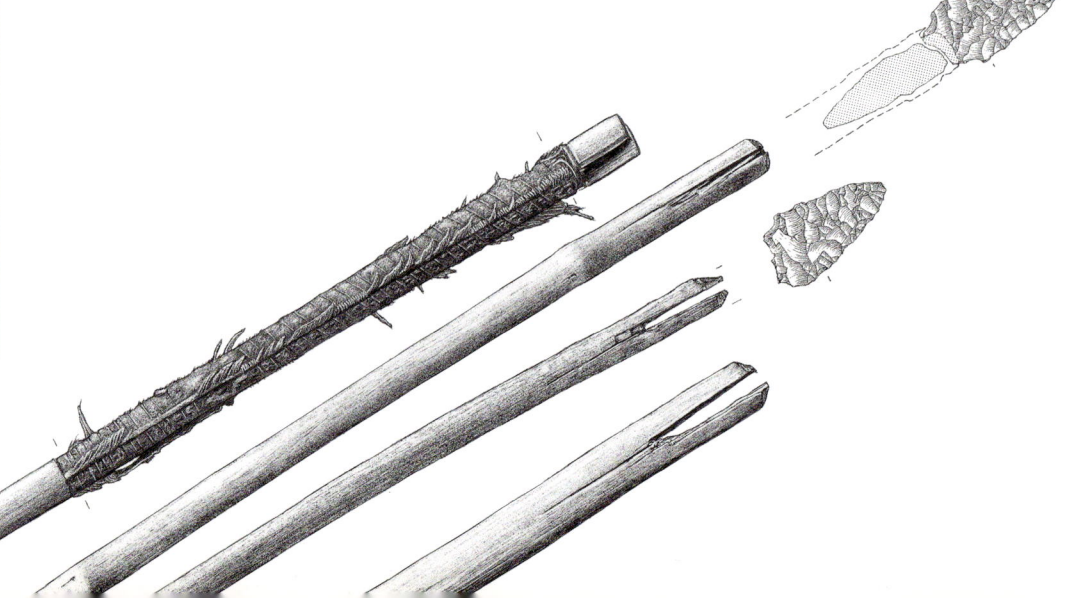

↑ Der **Köcher**
← Zeichnerische Dokumentation der **Pfeile**

↓ Verschnürte **Hirschgeweihspitzen**
↓ **Schnur** aus Lindenbast

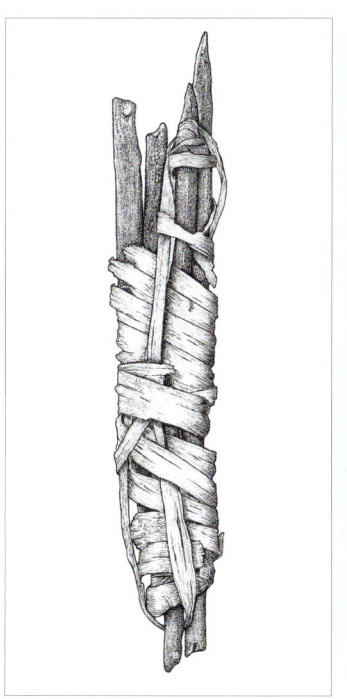

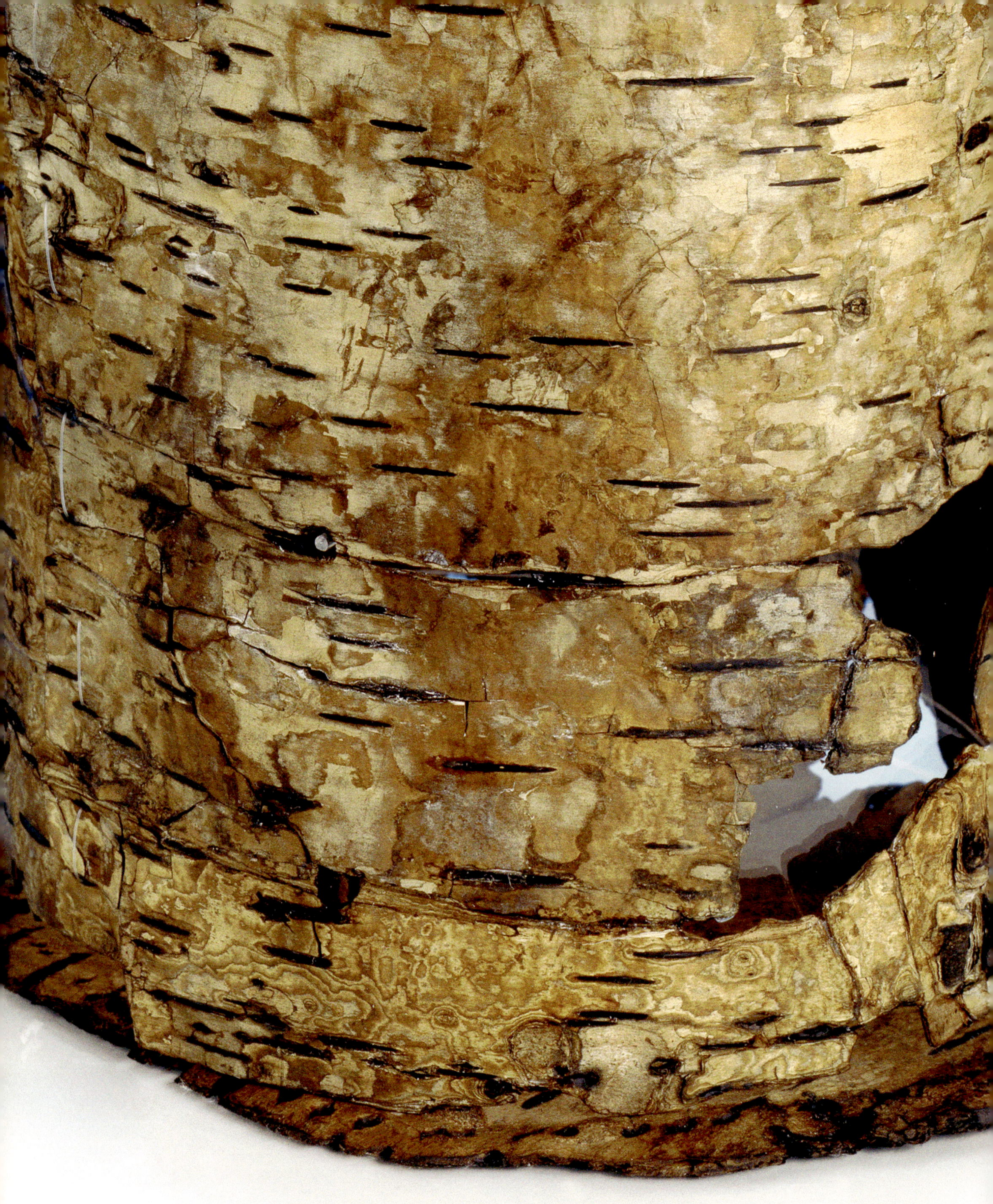

← Detailaufnahme eines **Birkenrindengefäßes**

→ Reste eines zweiten Gefäßes

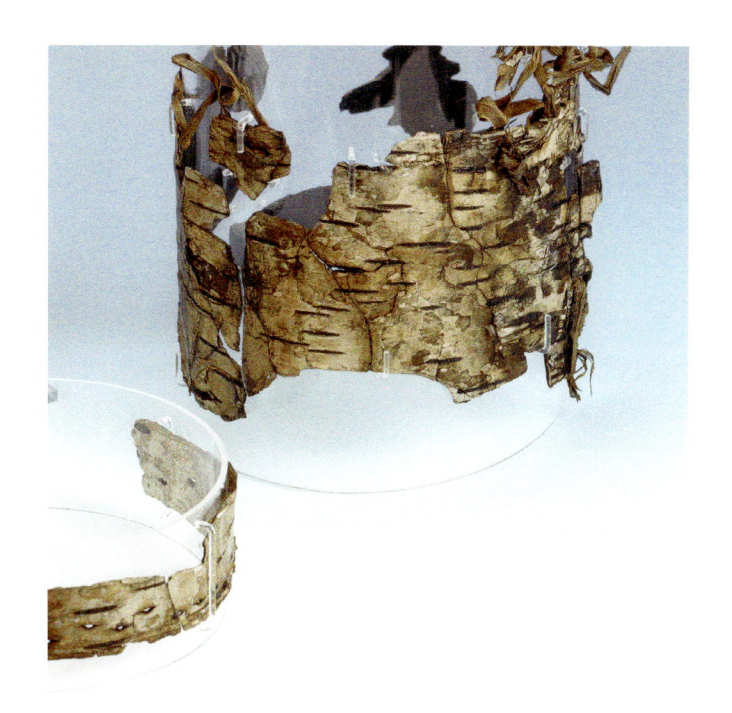

Die Birkenrindengefäße. Ötzi führte zwei Behälter aus Birkenrinde mit sich. Der Boden der Gefäße war oval und hatte einen Durchmesser von 15–18 cm. Die Wandung wurde aus einem einzigen Stück Birkenrinde hergestellt, die mit Lindenbast vernäht war. Die Behälter waren ca. 20 cm hoch. Einer der Behälter enthielt Holzkohlen verschiedener Holzarten und Ahornblätter. Es handelt sich um einen Glutbehälter, der zum Aufbewahren von glühender Holzkohle Verwendung fand. Die Ahornblätter dienten dabei zur Isolierung.

Erste-Hilfe-Ausrüstung. Unter den Beifunden des Mannes fanden sich zwei Fruchtkörper des Birkenporlings, die an Lederriemen befestigt waren. Der Birkenporling ist ein Baumpilz, der an abgestorbenen Stämmen der Birke wächst. Der Pilz ist in der Naturmedizin bestens bekannt und heute noch in Verwendung. Der Birkenporling hat eine hohe antibiotische Wirkung und kann zum Stillen von Blutungen benutzt werden.

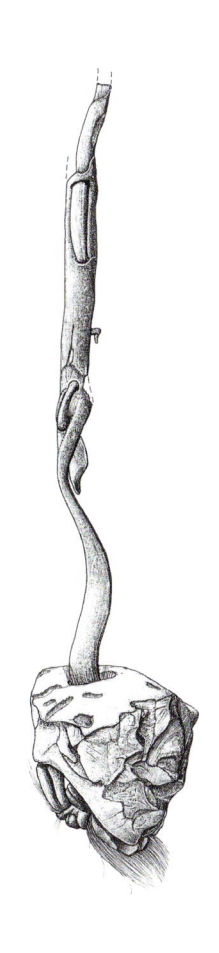

↑ Fruchtkörper des **Birkenporlings**

↓ Steinscheibe mit Lederriemen

Steinscheibe und Quaste. Dieser Fund gibt noch immer Rätsel auf. Die Steinscheibe ist gelocht und besteht aus Dolomit-Marmor, der in den Zentralalpen häufig vorkommt. An der Scheibe sind mehrere gedrehte Lederriemen befestigt, die meist abgerissen sind. Interpretiert wurde die Quaste als Vorrat an Ersatzriemen oder als Amulett zum Abwehren von Unheil. Ein weiterer Vorschlag kam aus den Reihen der Bogenschützen. Sie verwenden eine ähnliche Quaste zum Reinigen von verschmutzten Pfeilen.

Zeit des Umbruchs. Die Epoche, in der der Mann vom Tisenjoch lebte, bezeichnet man als Spätneolithikum oder Kupferzeit. Es ist eine Zeit des Umbruchs, die nicht nur durch den neu entdeckten Werkstoff Kupfer bedingt ist, auch wenn die Metallverarbeitung eine zentrale Rolle spielt. Die Kupferverarbeitung entstand im anatolischen und kaukasischen Raum, wo bereits im 6. Jahrtausend v. Chr. der Abbau und die Verarbeitung von Kupfererzen nachgewiesen ist. Über Vorderasien und den Balkan dringt die neue Technologie im 4. Jahrtausend v. Chr. nach Süd- und Mitteleuropa vor. Es entstehen neue Berufe wie z. B. der des Schmieds, und es bilden sich sozial höhergestellte Gruppen innerhalb der kupferzeitlichen Gesellschaft. Der Besitz von Metallobjekten bedeutet Reichtum, Macht und hohes soziales Ansehen. Die neue Technologie führt zu grundlegenden Veränderungen auch auf anderen Gebieten. Es kommt durch den Handel mit Kupfererzen zu mehr Kontakt zwischen den Kulturgruppen. Der Mensch dringt zudem, auf der Suche nach neuen Erzlagerstätten, in Gebiete vor, die vorher uninteressant waren. Die Landwirtschaft intensiviert sich, bessere Anbaumethoden und die Verwendung von Rindern als Zugtiere erhöhen die Ernteerträge. Der Speiseplan der kupferzeitlichen Bevölkerung bestand aus Getreide, Hülsenfrüchten, Obst und Fleisch. Angebaut wurde Nacktweizen, Einkorn, Emmer, Erbse und Ackerbohne. Früchte wie der wilde Apfel, Pilze und Beeren wurden gesammelt. Als Haustiere hielt man Rind, Schwein, Schaf, Ziege und Hund. Genutzt wurden auch Sekundärprodukte der Haustiere wie Leder, Milch, Käse und vielleicht auch Wolle.

Wer war Ötzi und welcher Kulturgruppe gehörte er an? Die Entdeckung des Mannes aus dem Eis und seiner Beifunde, im Speziellen sein Kupferbeil, haben vor allem die archäologische Forschung intensiv gefordert. Die Geschichte der Kupferzeit musste neu geschrieben werden. Die Einordnung der Funde ist schwierig, weil die kulturelle Zuordnung vor allem anhand keramischer Gefäße geschieht. Ötzi hatte aber keine dabei. Kulturell war der Südtiroler Raum schon immer ein Grenzgebiet, wo sich nördliche wie südliche Kulturerscheinungen bemerkbar machten. Die einzige inneralpine Kulturgruppe jener Zeit war die „Tamins-Carasso-Isera 5". Die wenigen kupferzeitlichen Funde aus Südtirol sind dieser Kulturgruppe zuzuordnen, die sich im 4. Jahrtausend v. Chr. herausbildet. Beeinflusst war diese Gruppe vor allem von der Remedello-Kultur südwestlich des Gardasees. Im Gräberfeld von Remedello finden sich Männergräber mit vergleichbaren Waffen wie Dolchen, Beilen und Pfeilspitzen. Sie gehören zur Ausrüstung von Kriegern/Jägern aus der Kupferzeit. Die Kriegergräber zeugen von einer besonderen Stellung der Verstorbenen innerhalb ihrer Kulturgruppe, und auch der Mann aus dem Eis wird einen hohen sozialen Rang eingenommen haben. Was und wer er war, lässt sich heute nur noch erahnen. Er wurde in der Vergangenheit als Schamane bezeichnet, obwohl rituelle Ausrüstungsgegenstand fehlen. Man hat ihn als Hirte bezeichnet, wobei die Transhumanz in der Kupferzeit keinesfalls nachgewiesen ist. Auch der Beruf des Bauern wurde erwogen, seine grazilen Hände und das Fehlen von Schwielen infolge harter körperlicher Arbeit sprechen dagegen. Aufgrund des Fundortes, er liegt an einer Süd-Nord-Passage, die bereits vor Ötzis Zeiten begangen wurde, hat man ihn zum Händler gemacht. Es fehlt allerdings das Handelsgut. Vermutet wurde der Beruf des Erzsuchers, wobei weder im Schnals- noch im Ötztal Erzvorkommen bekannt sind. In seinen Haaren fanden sich Spuren von Arsen, das im Kupfer enthalten ist und beim Schmelzprozess frei wird, diese Erkenntnis machte ihn zum Schmied. Wir werden wohl nie genau wissen, was der Mann in seinem Leben war. Trotzdem bleibt und ist er der bedeutendste archäologische Fund des 20. Jahrhunderts.

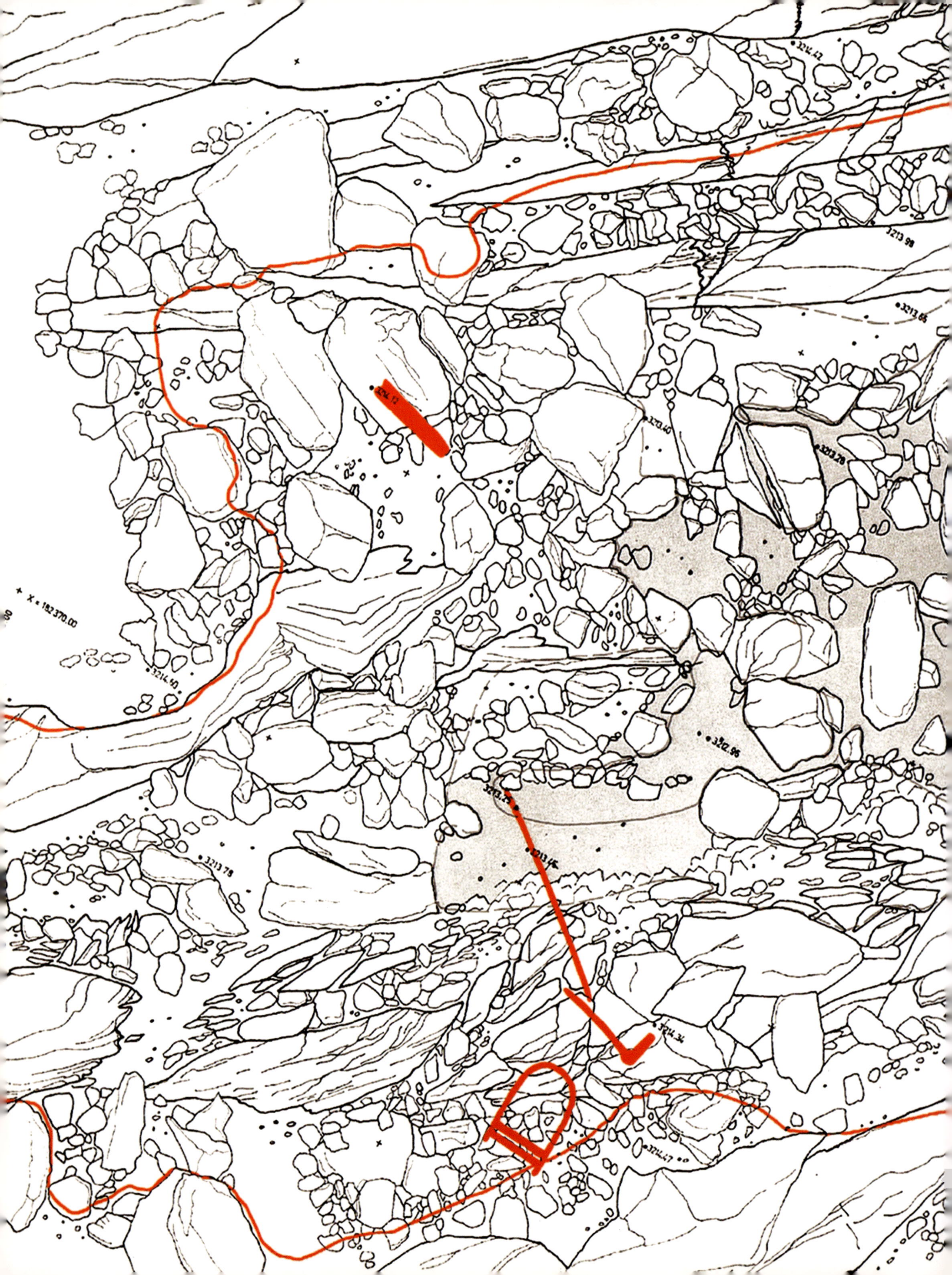

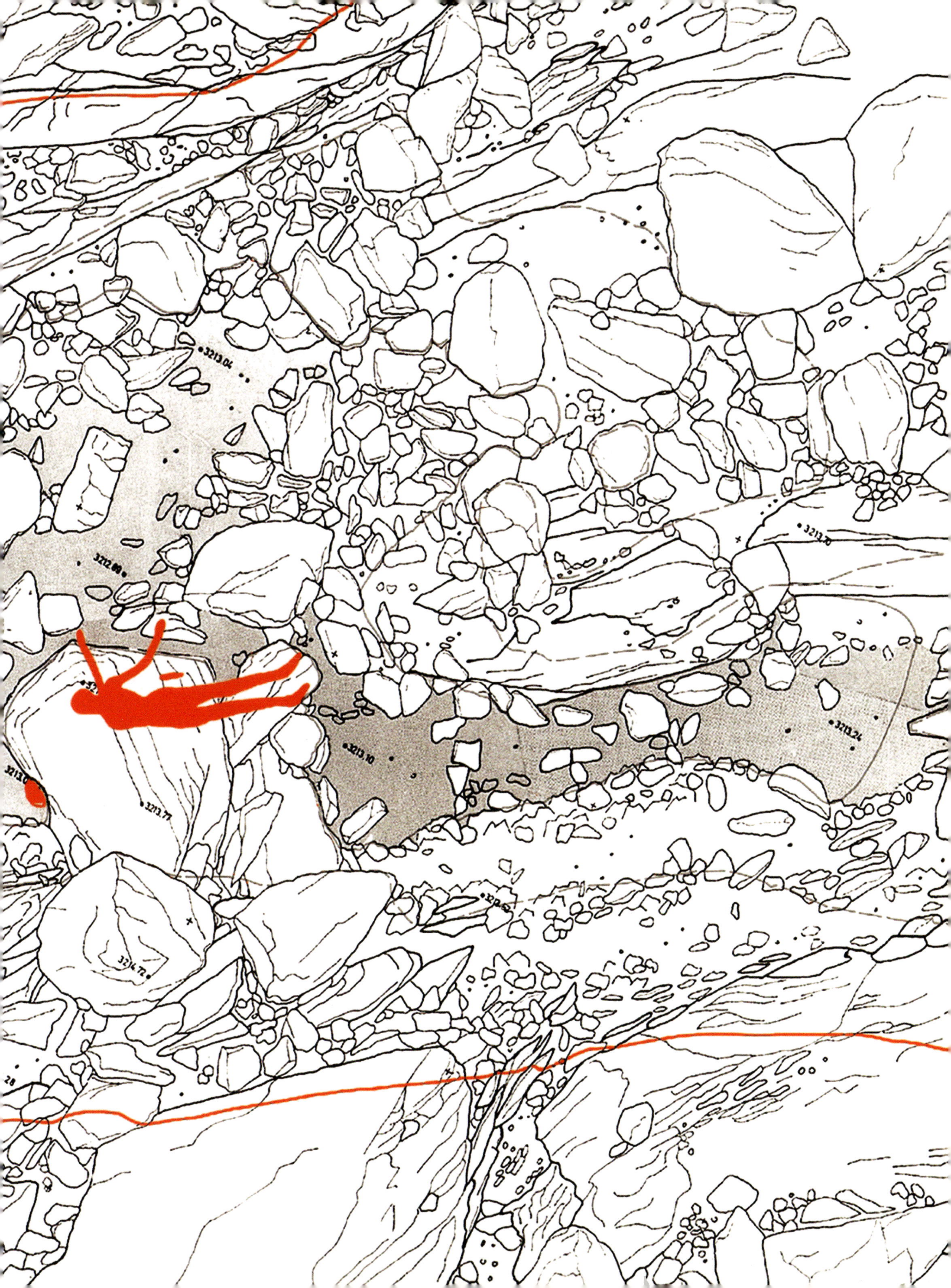

3213.04
3213.10
3213.24
3213.77
3214.72

DIE FUNDGESCHICHTE –
EINE ZUFALLSGESCHICHTE

ELISABETH
RASTBICHLER ZISSERNIG

↳ Die Gletschermumie vor dem ersten Bergungsversuch

↳ Zeichnerische Dokumentation der Fundstelle

Die Fundgeschichte des Mannes im Eis war geprägt von Zufällen, von glücklichen Umständen, von unerwarteten Ereignissen und von sogenannten Glücksfällen. Sie umfasst jedoch nicht nur die Auffindungsgeschichte der Mumie, sondern auch die jeweiligen ganz individuellen Fundgeschichten der zugehörigen Kleidung und der Ausrüstungsgegenstände des Mannes, die nicht alle zum gleichen Zeitpunkt und am selben Ort zum Vorschein gekommen sind. Mindestens 13 verschiedene Fundbergungsetappen, verteilt auf die Jahre 1991 bis 1994, sind dokumentiert.

Im archäologischen Bereich treten Zufallsfunde häufig auf. Oft sind es Laien, die mit zufälligen Auffindungen konfrontiert werden. Archäologische Objekte werden daher oftmals nicht gleich als solche erkannt. Das war schon bei der Auffindung von menschlichen Skelettknochen aus dem Neandertal bei Düsseldorf (D) im Jahre 1856 so, wie auch beim sogenannten „Söldner vom Theodulpass" (CH). Erstere wurden für „Knochen eines Höhlenbären" gehalten und „vorerst nicht weiter beachtet". Letzterer stellt inzwischen den wohl bekanntesten historischen Bergtoten der Schweiz dar. Der aus dem 16. Jahrhundert stammende Schädel des Mannes wurde zunächst „als Kokosnuss" identifiziert. Umso wichtiger und spannender sind die jeweiligen ganz individuellen Fundgeschichten, die chronologischen Abläufe der einzelnen Geschehnisse, die in allen drei Beispielen für archäologische Zufallsfunde erst recherchiert werden mussten. Hauptaugenmerk wird nun auf die unglaublichen Zufälle gelegt, die zur Auffindung des Mannes aus dem Eis geführt haben.

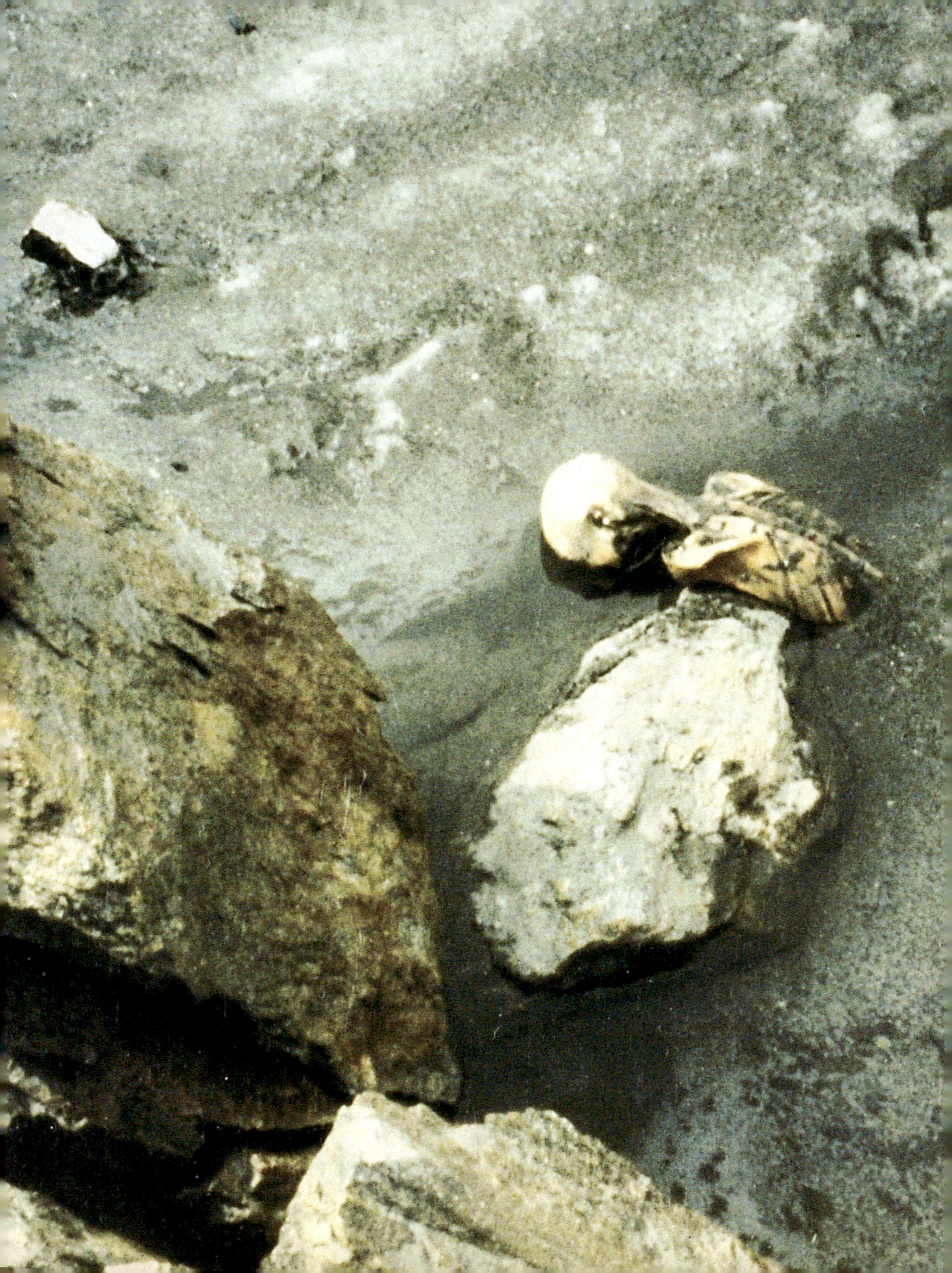

↑ Erika und Helmut **Simon**

SHOPPING ALS PLAN

Laut Lexikon sind Zufälle Vorfälle, die unversehens kommen. Als Zufall wird das bezeichnet, was ohne erkennbaren Grund und ohne Absicht geschieht, das Mögliche, das eintreten kann, aber nicht eintreten muss. Die Auffindungsgeschichte der Mumie war geprägt von einer „Kette von Zufällen", um es mit den Worten des Finders auszudrücken. Denn diese Bergtour war nicht geplant. „Shopping in Bozen" (!) sei auf dem Urlaubsplan der Finder gestanden.

Das Ehepaar Erika und Helmut Simon aus Nürnberg (D) verbrachte zum vierten Mal ihren Urlaub in Südtirol, um zu wandern und die wunderbare Bergwelt zu genießen. Für Mittwoch, den 18.09.1991, war ein Tagesausflug in das Hochgebirge geplant. Ziel war der majestätische Gipfel des Similaun. Der steile Anstieg vom Vernagter Stausee aus zur Similaunhütte veranlasste das Ehepaar, eine ausgedehnte Rast einzulegen. Diese Verzögerung sollte Folgen haben.

Etwa zwei Stunden verweilten die beiden in der Similaunhütte, bevor sie sich doch noch entschlossen, den Gipfel zu erklimmen. Das Gelände hatte sich im Vergleich zum Vorjahr wetterbedingt durch das große Abschmelzen des Gletschereises verändert. Gletscherspalten taten sich auf, und so kam es zu einer weiteren Verzögerung, da sich die Simons „im Gelände verstiegen" hatten.

Sie gelangten in der Folge zufällig gerade zu dem Zeitpunkt zum Gipfelhang, als auch ein österreichisches Ehepaar, Renate und Andreas Ganglberger aus dem Ötztal, den letzten Anstieg wagten. Sie kamen ins Gespräch und freundeten sich an. Gemeinsam erreichten sie den Gipfel gegen 15.30 Uhr und dokumentierten ihren gemeinsamen Gipfelsieg auch fotografisch. Keiner ahnte zu diesem Zeitpunkt, dass diese Begegnung folgenschwer werden würde. Getrennt machten sie sich auf den Rückweg und trafen sich in der Similaunhütte wieder. Die Österreicher hatten bereits zuvor die Übernachtung auf der Similaunhütte bestellt, da sie für den nächsten Tag eine weitere Tour geplant hatten. Für die Simons war es nun auch zu spät geworden, um wieder ins Tal abzusteigen. In der Dunkelheit wollten sie den Abstieg von der Similaunhütte zum Parkplatz im Tal nicht mehr riskieren. Der Zufall wollte es so, dass sie nun ungeplanterweise die Nacht in rotweiß-karierter Bettwäsche der Alpenvereinshütte verbringen mussten.

Der Donnerstag, der 19.09.1991, präsentierte sich mit herrlichstem Bergwetter. Renate und Andreas Ganglberger hatten die Tour auf die Finailspitze vor. Sie luden das Ehepaar Simon zur Tour ein. Erika wollte eigentlich nach Bozen zum „Shopping" und strebte den Abstieg ins Tal an. Die Ganglbergers mussten die Simons geradezu überreden, mitzukommen. Und so erklommen sie gemeinsam die Finailspitze. Beim Abstieg trennten sich die beiden Paare. Die Ganglbergers mussten zurück ins Ötztal und die Simons zurück zur Similaunhütte, wo sie einen Teil ihres Gepäcks deponiert hatten. Der Zufall wollte es, dass sie sich nicht eben fünf Minuten früher oder später trennten. Der Abkürzungsweg wäre ein anderer gewesen.

Erika und Helmut überquerten ein Schneefeld und peilten in der Ferne ein sogenanntes „Steinmandl" an, das den Weg zur Similaunhütte markierte. Sie kamen zu einem Schmelzwassersee. Sie fragten sich noch, sollen wir rechts herum oder links herum? Der Zufall führte sie links herum. Und plötzlich standen sie vor dem Mann im Eis, dem Fund ihres Lebens. Einen Fund, nach dem sie nicht gesucht hatten. Ein Fund, den sie zufällig machten. Ein Fund, der ihr Leben verändern sollte.

Es war der 19.09.1991 gegen 13.30 Uhr – der Tag mit dem magischen Datum, wie es der Finder selbst immer nannte: Das Datum ist durch die Symmetrie der Zahlen auffällig und die Zahlen sind „von vorne und von hinten sozusagen gleichermaßen zu lesen". Ein weiterer Zufall?

Erika und Helmut Simon prägten sich die Stelle genau ein, stiegen zur Similaunhütte ab und meldeten den Fund dem Hüttenwirt Markus Pirpamer, der die zuständigen Behörden informierte.

↓ Fundgebiet

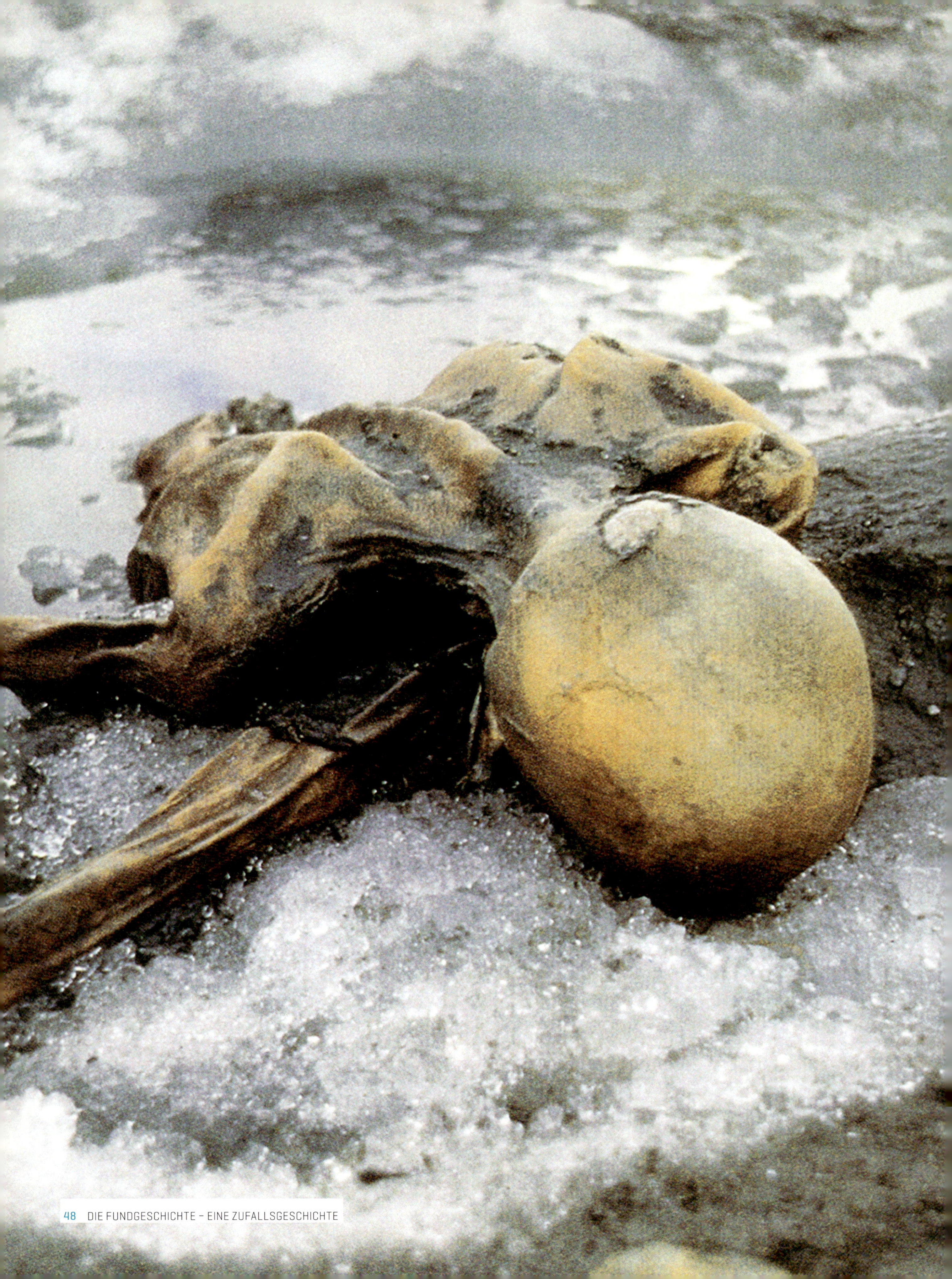

← Hinterkopf und Schulterpartie
des Körpers

Zum richtigen Zeitpunkt am richtigen Ort. Der größte Zufall und zugleich Glücksfall für die Wissenschaft war, dass das Ehepaar Simon aus Nürnberg zum richtigen Zeitpunkt am richtigen Ort war. Genau in dem Zeitfenster, als die Leiche aus dem Gletschereis ausaperte, führte der Weg der Finder an dieser Stelle am Tisenjoch vorbei. Vier Tage später wäre der Fund wieder eingeschneit gewesen. Bedingt durch die Klimaschwankungen und den damit verbundenen Temperaturanstieg in den letzten Jahren wurde im Hochgebirge Tirols in den letzten Jahren ein verstärkter Rückgang der Gletscher beobachtet. Laut Aussagen der Meteorologen war auch der Winter 1990/91 ein äußerst niederschlagsarmer. Zudem beförderten Winde aus Afrika Saharastaub in unsere Region und legten diesen auf das Gletschereis, was ein Abschmelzen förderte und ein Ausapern der Gletschermumie möglich machte.

Ein weiterer glücklicher Zufall für den sensationellen Erhaltungszustand der Mumie ist laut Aussage des Glaziologen Gernot Patzelt die Fundposition selbst. „Der Fundlage an der Sohle und der Wannenform selbst der ca. 2,5 m bis 3 m tiefen Felsmulde verdanken wir es, dass die Scherkräfte des Gletschers, der später quer über den Fundkomplex darübergefahren war, nicht wirksam werden konnten."

Der Fund ist ein Glücksfall für die Wissenschaft, ein Fenster sozusagen in die Vergangenheit. Durch die Konservierung im Eis konnten sich der Körper und auch die organischen Materialien seiner Kleidung und Ausrüstung in ausgezeichnetem Zustand erhalten. Ein faszinierender Einblick in eine längst vergangene Epoche ist uns damit beschert.

Zeitraum zwischen der Auffindung der Mumie und dem ersten Kontakt mit einem Archäologen. Das perfekte Glück im Zusammenhang mit der Fundgeschichte des Mannes im Eis wäre es wohl gewesen, wenn auch noch die Archäologen zur richtigen Zeit am richtigen Ort gewesen wären. Das hieße, dass Fachkräfte zur Stelle gewesen wären, solange sich die Mumie noch *in situ* oder *in situ secundo* befand, um eine archäologische Ausgrabung einzuleiten. Die Möglichkeit dazu hätte es über einen Zeitraum von mindestens vier Tagen gegeben. Der Zufall wollte es anders. Der Informationsfluss war entweder zu langsam oder lief in den falschen Kanälen. Doch es war noch nicht zu spät. Ein absoluter Glücksfall, dass die kulturhistorische Bedeutung des Fundkomplexes überhaupt noch rechtzeitig erkannt werden und der Körper dann schnell wieder eingefroren und erhalten werden konnte, war die Idee des Gerichtsmediziners Rainer Henn, einen Altertumsforscher zurate zu ziehen. Die „atypische Gletscherleiche mit dem alten Messer" hatten ihn dazu veranlasst, wenngleich er ein paar Stunden zuvor bei der Bergung vor laufender Kamera noch immer darauf gehofft hatte, dass „ein Reisepass bzw. ein Ehering zur Identität des Toten Auskunft geben könnten". Im Vorlesungsverzeichnis der Universität Innsbruck suchte er nach einem „Archäologieinstitut oder was Ähnlichem" und stieß dabei auf die Telefonnummer des Instituts für Ur- und Frühgeschichte sowie Mittelalter- und Neuzeitarchäologie. Dieses Telefonat wurde vom Archäologen Univ.-Prof. Dr. Konrad Spindler entgegengenommen und führte zum ersten Kontakt des Altertumsforschers mit dem Mann im Eis. Ein Telefonat, das sein Leben verändern sollte … aber das ist eine andere Geschichte.

↓ Die Mumie in der Gerichtsmedizin

Am Tag sechs der Fundgeschichte, am Dienstag, den 24.09.1991, um 8.05 Uhr im Seziersaal der Gerichtsmedizin war es so weit: Konrad Spindler war der erste Archäologe, der den „Mann im Eis, den Ureinwohner des Ötztals, den Urtiroler" zu Gesicht bekam. Der Fachmann erkannte den Fundkomplex sogleich als urgeschichtlich. „Mindestens 4000 Jahre oder älter" – das waren seine Worte beim ersten Anblick. Das Beil mit der Metallklinge und der Feuersteindolch ließen ihn nicht daran zweifeln. Aus einem Leichenfund im Hochgebirge wurde eine archäologische Sensation. Ein weiterer absoluter Glücksfall war, dass Spindler unverzüglich Recherchen zur Fundgeschichte in Auftrag gab, sodass sich die Informationen wie Puzzlesteinchen aneinanderfügen konnten. Was war weiter geschehen?

Welche Zufälle ereigneten sich, die diese ersten Tage der Fundgeschichte prägten? Wie konnte es sein, dass der Leichnam mehr oder weniger frei sichtbar von Donnerstag bis Montag im Eis steckte und von mindestens 22 verschiedenen Personen 28-mal (manche begingen den Fundort mehrmals) aufgesucht werden konnte, noch bevor überhaupt erst der Rettungshubschrauber mit dem Gerichtsmediziner an Bord eingetroffen war?

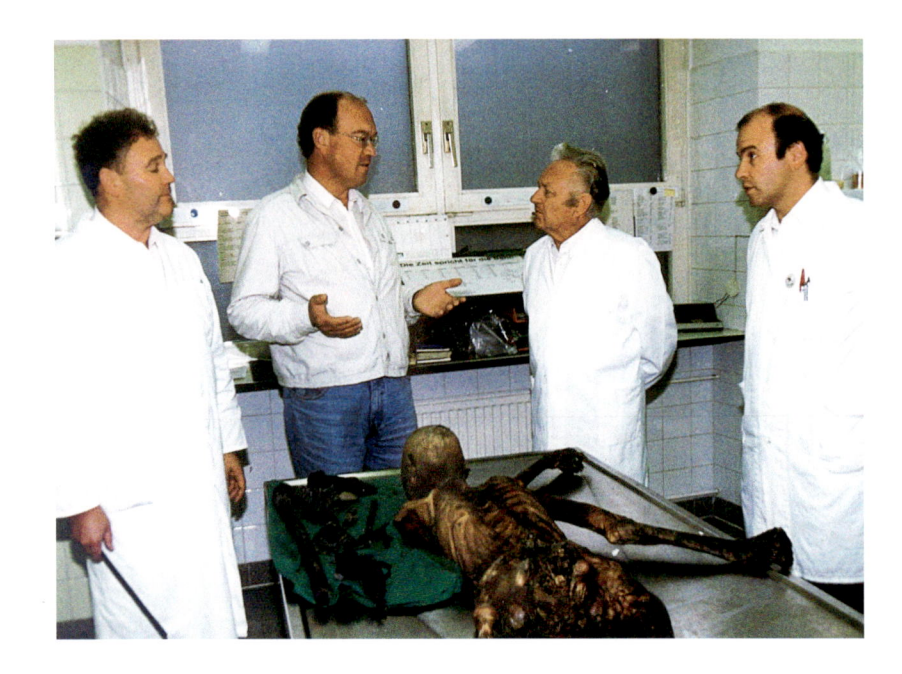

↑ Bergungsarbeiten mit dem **Eispickel**

Auf mehr oder weniger unglückliche Umstände wird die lange Dauer der Bergungsaktion zurückgeführt. Der Hüttenwirt hatte wegen der Fundlage der Mumie im Grenzgebiet zwischen Italien und Österreich sowohl den Carabinieri in Schnals (I) wie der Gendarmerie in Sölden (A) telefonisch vom Gletscherleichenfund Bescheid gegeben. Man einigte sich, dass die Österreicher die Bergung vornehmen sollten. Bezirksinspektor Anton Koler vom Gendarmerieposten Imst (A) kam als Erster zum Einsatz. Der erste Bergungsversuch wurde am Tag zwei der Fundgeschichte, am Freitag, den 20.09.1991, um 13.16 Uhr begonnen und musste nach einer Stunde abgebrochen werden. Eine halboffizielle Freilegung erfolgte am Tag vier, am Sonntag, den 22.09.1991. Die Bergung der Mumie im gerichtlichen Auftrag wurde am Tag fünf, am Montag, den 23.09.1991, fortgesetzt. Um 13.50 Uhr erfolgte schließlich der Abtransport der Mumie mit dem Hubschrauber.

Beim ersten Freilegungsversuch am Freitag war unglücklicherweise die Pressluft im Arbeitsgerät, dem Schrämhammer, ausgegangen. Das Wetter hatte sich auch so verschlechtert, dass die Aktion abgebrochen werden musste. Über das Wochenende stand dann kein Bergungshubschrauber zur Verfügung, und es wurde auch laut Auskunft der Flugeinsatzstelle Innsbruck „von keiner Stelle zwingend gefordert, den Einsatz zu forcieren, da man ja annahm, dass es sich um eine normale Gletscherleiche handelte".

↓ Hans **Kammerlander** und Reinhold **Messner** am Auffindungsort

Die Fundstelle des Mannes im Eis wurde in jenen Tagen auch von vielen Privatpersonen aufgesucht. Der Leichenfund war ja das zentrale Thema auf der Similaunhütte am Niederjoch in den Ötztaler Alpen.

Zufällig waren die beiden Extrembergsteiger Hans Kammerlander und Reinhold Messner gerade auf der „Südtirolumrundung", einer Tour zu Fuß der Grenze entlang rund um ihr Heimatland. Noch am selben Abend berichtete Messner telefonisch der Presse darüber, was einen Zeitungsbericht in der „Alto Adige", einer italienischsprachigen Zeitung Südtirols, zur Folge hatte.

Diese Pressemeldung der Alto Adige hatte wohl den einen oder anderen wachgerüttelt. So telefonierte aufgrund dieser Meldung Dr. Martin Bitschnau/Landesmuseum Ferdinandeum in Innsbruck an jenem Montag in der Früh ebenfalls mit der Gerichtsmedizin Innsbruck und bat, „eine Bergung mit Pinselmethode" anzugehen. Die Mumie war jedoch, was der Historiker nicht wissen konnte, bereits am Vortag fast vollständig ausgegraben und zum Transport bereitgemacht worden. Ihm wurde das Angebot unterbreitet, zur Fundstelle mitfliegen zu können. Dies musste er allerdings ablehnen. Er war in „Anzug und Halbschuhen" in die Arbeit gekommen und konnte so unmöglich auf den Gletscher fliegen. Außerdem spielten „Kompetenzgründe" eine Rolle.

Der Archäologe Konrad Spindler rief seiner Erinnerung nach ebenfalls schon an jenem Montagmorgen in der Gerichtsmedizin an, um Interesse zu bekunden. Ihm wurde ein Mitflug im Hubschrauber aber aus Platzgründen verwehrt. Spindler hatte die Meldungen über den Gletscherleichenfund in der Tiroler Tageszeitung verfolgt. Noch ahnte er nicht, dass ein Kontakt doch noch klappen sollte.

52 DIE FUNDGESCHICHTE – EINE ZUFALLSGESCHICHTE

Als glücklichen Umstand kann man ansehen, dass der Fundkomplex trotz der mehrmaligen Freilegungsaktionen und verzögerten Bergungsaktion mehr oder weniger komplett erhalten geblieben ist, wenngleich es auch Beschädigungen gab.

Mit besagtem Schrämhammer wurden bereits beim ersten Freilegungsversuch unabsichtlich die Hüfte und der linke Oberschenkel der Gletscherleiche in Mitleidenschaft gezogen. „Im Schmelzwasser abgerutscht", lautete die Erklärung. Genau diese Stellen haben sich jedoch später für die Probenentnahmen zur Altersbestimmung durch die Mediziner als glücklich erwiesen.

In Anbetracht der Tatsache, dass des Weiteren Eispickel und Schistöcke zur Freilegung des Fundkomplexes gedient haben, dass zum Teil mit bloßen Händen gezogen und gezerrt wurde und dass Teile der Kleidung und der Ausrüstung zum Abtransport in einen Müllsack gestopft wurden, ist es ein glücklicher Zufall, dass ein Erhalt und eine Restaurierung erfolgreich waren.

Ein paar Knochenbrüche wie z. B. im Bereich der Rippen und Arme der Mumie dürften ebenfalls postmortal entstanden sein und werden genauso auf die Freilegungsaktivitäten zurückgeführt wie eine Schädelfraktur und eine Subluxation der Halswirbelsäule sowie Abrisse und Stichverletzungen im Bereich der Arme und Beine durch spitze Gegenstände.

Glückliche Zufälle für die Rekonstruktion des Lageplans. Die Fund- und Bergungsumstände beim Mann im Eis verlangten nach Recherchen mit dem Ziel, die exakten Fundlagen zum Zeitpunkt erster Beobachtung rekonstruieren zu können. Dafür wurden Quellen gesammelt, analysiert und interpretiert. Eine Basis für Ausdeutungen des Gesamtkomplexes wurde damit geschaffen. Unverzichtbare Quellen für die Rekonstruktion des Lageplans der ursprünglichen Auffindungsposition der Mumie und der primären Fundlagen der anderen Fundgegenstände sind neben den Erinnerungen der beteiligten Personen die fotografischen Dokumentationen. Das erleichterte die Rekonstruktion des archäologischen Befunds ungemein. Diese Informationsquellen wurden in der Folge mit den Ergebnissen der archäologischen Nachuntersuchungen in Verbindung gebracht und interpretiert.

Der Wissenschaft steht ein einziges Foto der Auffindungssituation der Mumie (Tag eins der Fundgeschichte) zur Verfügung. Geistesgegenwärtig dokumentierte der Finder Helmut Simon die Situation fotografisch. Erika rügte ihn noch: „Aber Helmut, du kannst doch keinen Toten fotografieren!" – „Doch, das muss ich ... wenn wir das melden und die finden ihn nicht, wie steh´ ich denn da?", war Helmuts Antwort. Er knipste, und es war zufällig das letzte Foto auf seinem Film.

Zwei offizielle Bilder der Gendarmerie dokumentieren die Situation der Mumie am Tag zwei: vor dem ersten Bergungsversuch und bei Abbruch der Aktion. Zwei weitere Aufnahmen des Gendarmen Anton Koler dokumentieren die Fundlagen der Beifunde, die das Ehepaar Simon in ihrem Schock über den Leichenfund gar nicht wahrgenommen haben. Der Messnergruppe verdanken wir weitere 15 Aufnahmen. Sie zeigen die Situation am Fundort, wie sie sich am Tag drei der Fundgeschichte präsentierte.

↑ Die Beifunde werden zum Leichnam in den **Totensack** gepackt

54 DIE FUNDGESCHICHTE – EINE ZUFALLSGESCHICHTE

← Fotografische Dokumentation
an der Fundstelle

FOTOGRAFISCH

Das sind wahrlich Glücksfälle, dass auch Privatpersonen, die ja unverhofft auf den Mann im Eis gestoßen sind, gerade zufällig ihre Fotoapparate bei sich hatten und die jeweilige Situation so fotografisch dokumentierten. Diese Bilder konnten ausgeforscht werden und wurden zur wissenschaftlichen Auswertung unentgeltlich zur Verfügung gestellt.

Die Bergung am Tag fünf wurde sowohl filmisch wie fotografisch dokumentiert. Diese Bilder gingen um die Welt. Der Journalist Rainer Hölzl, der Pressefotograf Max Scherer und der Kameramann Anton Mathis hatten zufälligerweise einen „Riecher", dass es sich bei dieser Gletscherleiche um eine „Riesen-Geschichte" handeln könnte. So waren auch sie zum richtigen Zeitpunkt am richtigen Ort. Sie charterten sich einen eigenen Hubschrauber, holten die behördliche Landeerlaubnis ein und waren bei der offiziellen Bergung durch den Gerichtsmediziner am Montag, den 23.09.1991, live dabei. Der Pressefotograf Werner Nosko wartete in Vent am Landeplatz an jenem Montagmittag ebenfalls gespannt auf den Bergungshubschrauber. Auch er wollte zur Fundstelle mitfliegen. Aus Platzgründen wurde dies jedoch abgelehnt. Zufällig gab es den genialen Einfall, zumindest seine Kamera dem Piloten mitzugeben. So kam auch er zu Bildern dieser unglaublichen Fundgeschichte.

Viele Zufälle, ja ausgesprochene Glücksfälle, prägen die Fundgeschichte des Mannes im Eis. Die Fundgeschichte – eine Zufallsgeschichte! Die kulturhistorische Bedeutung des Fundkomplexes wurde gerade noch rechtzeitig erkannt, und der chronologische Ablauf des Geschehens und der archäologische Befund vor Ort wurden rekonstruiert. Die Recherchen dazu waren selbst spannend wie ein Krimi.

Eine Kette von Zufällen führte das Ehepaar Erika und Helmut Simon aus Nürnberg zu einem archäologischen Sensationsfund, der ihr Leben verändern sollte. Es waren so viele Zufälle, dass der Finder selbst gar nicht mehr an einen Zufall glauben konnte. Er empfand es als Schicksal und ließ sich deshalb sogar taufen … aber auch das ist eine andere Geschichte.

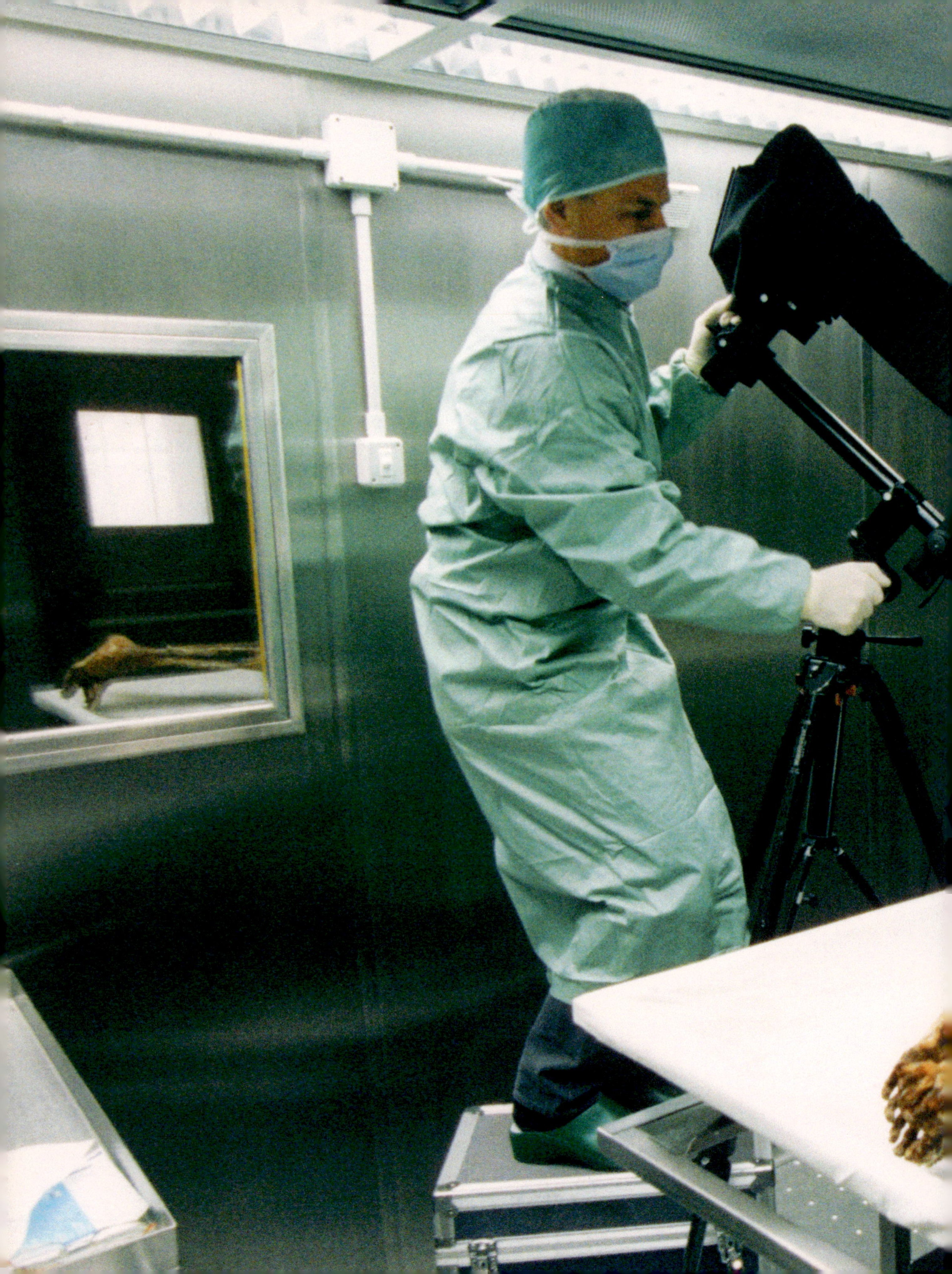

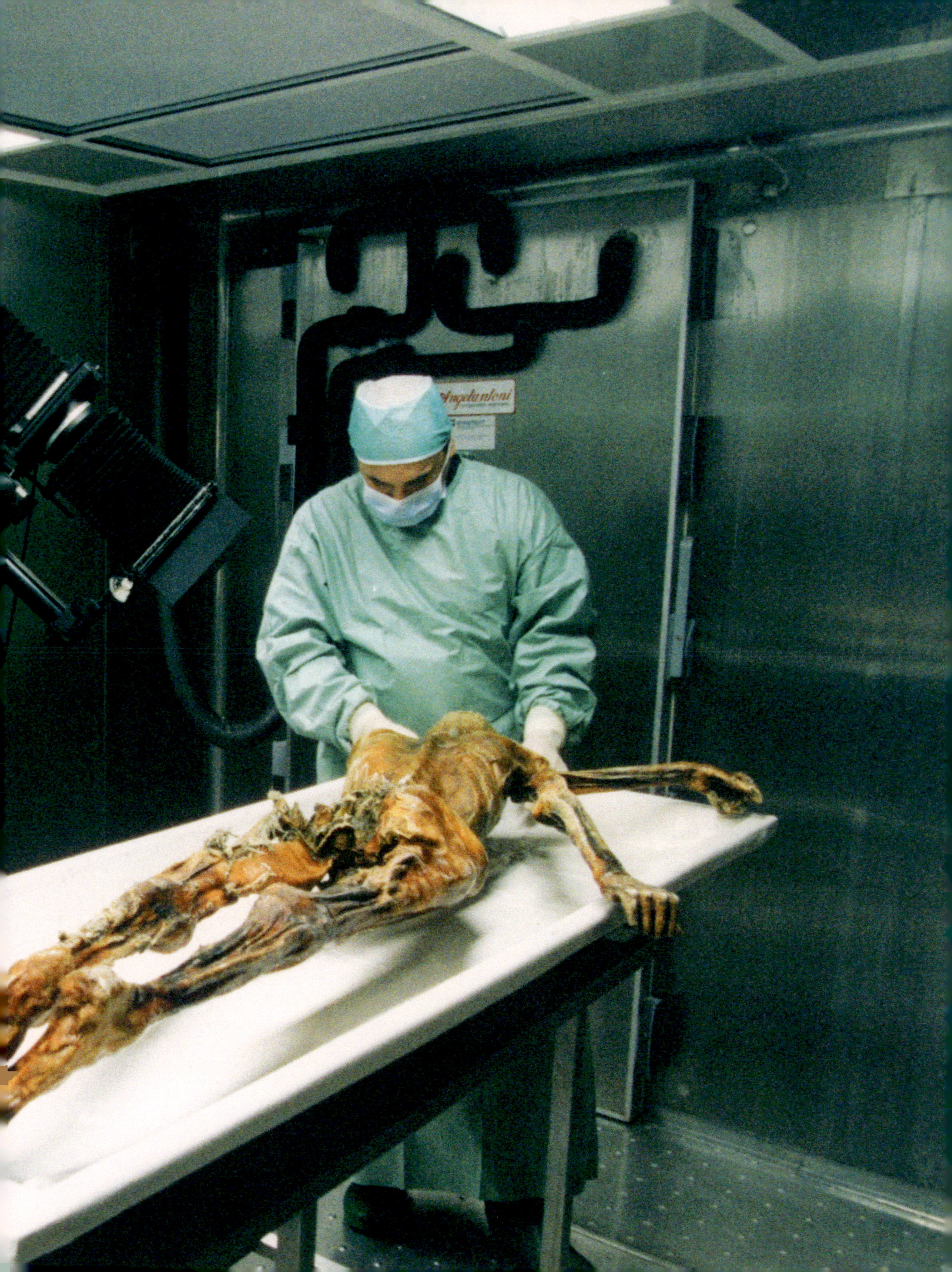
Angelantoni

WAS IST SO TOLL AM ÖTZI?
EIN LEICHENFUND ALS MEDIENEREIGNIS

MARK-STEFFEN BUCHELE

→ Transport der Mumie nach Südtirol

↵ Fotoarbeiten in der Laborzelle

Kein archäologischer Fund hat jemals ein größeres Medieninteresse hervorgerufen als der Mann aus dem Eis. Tausende Artikel in Tageszeitungen, hunderte Beiträge im Fernsehen und zahlreiche Journalisten vor Ort belegen ein weltweites Interesse an der vor über 5000 Jahren mitsamt seiner kompletten Bekleidung und Ausrüstung aus dem Leben gerissenen Person. Warum wurde „Ötzi" ein derartiger Medienstar? Öffentliches Interesse an archäologischen Funden hat meist mit dem Entdecken unermesslicher Reichtümer und prächtiger Goldfunde zu tun, beispielsweise: die Öffnung des Grabes von Tutanchamun, der vermeintliche Goldschatz des Priamos oder die Grabbeigaben des Keltenfürsten von Hochdorf. Diese und weitere vergleichbare Funde besitzen einen hohen materiellen Wert. Nicht in diesem Fall: Der Mann aus dem Eis hatte aus unserer Sicht nichts Wertvolles bei sich. Man fand ihn als „armseliges Menschenbündel, in Felle und Gras gehüllt, mit Geräten aus Holz, Knochen und Stein", so später einer der Entdecker. Und trotzdem fasziniert er die Medien und Menschen bis heute. Warum?

Der Fund: ein Routinefall. Es beginnt mit dem Fund einer Leiche und das ist im täglichen Newsgeschäft eigentlich ein Routinefall: Die Bergsteiger Erika und Helmut Simon (Nürnberg) bemerken beim Abstieg von der Finailspitze in Richtung Similaunhütte abseits der markierten Route in einem Schneefeld etwas Braunes aus dem Eis herausragen. Näher kommend erkennen sie Kopf, Schultern und Rücken eines Menschen. Sie melden den Fund dem Hüttenwirt, der informiert sich vor Ort und dann die Gendarmerie in Sölden. Es ist die siebte Gletscherleiche in diesem Gebiet im Jahr 1991, und sie soll geborgen werden. Routinemäßig erhält die Tiroler Tageszeitung eine kurze Mitteilung, aufgrund des Redaktionsschlusses für die Freitagausgabe kann sie erst am Samstag berichten:

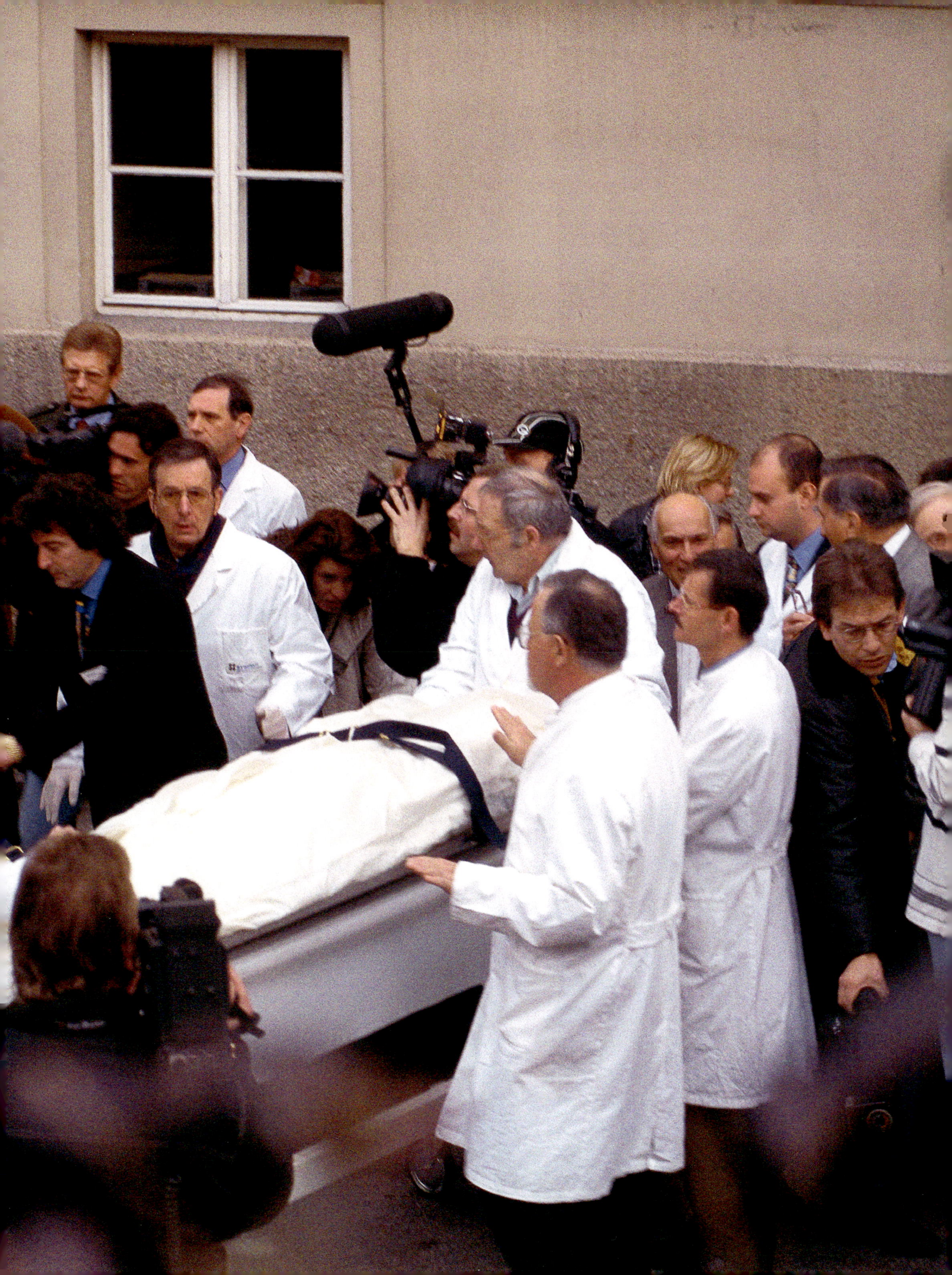

„Beim Abstieg von der Finailspitze entdeckten Touristen am Donnerstag unterhalb des Hauslabjoches ein halb ausgeaperte Leiche, von der nur der Kopf und die Schultern aus dem Eis herausragten. Der Hüttenwirt erstattete beim Posten in Sölden Anzeige. Der Ausrüstung nach zu schließen, handelt es sich bei dem Toten um einen Alpinisten; der Unfall dürfte schon Jahrzehnte zurückliegen. Der Tote ist noch nicht identifiziert worden." (Tiroler Tageszeitung, 21.09.1991)

Dies sind die ersten Fakten, die einer noch kleinen, lokalen Öffentlichkeit – den Lesern der Tiroler Tageszeitung – vom späteren „Ötzi" bekannt werden. Es wird strafgerichtliche Untersuchung gegen unbekannte Täter eingeleitet und eine Akte angelegt. Wie es üblich ist, soll die Leiche nach der Bergung in die Gerichtsmedizin überführt werden, um die Todesursache festzustellen. Eine Geschichte für den Polizeibericht. Die Wetterbedingungen lassen eine Bergung allerdings noch nicht zu.

Prominente Person vor Ort: Reinhold Messner und seine Pressekontakte. Zwei Tage nach dem Fund der Leiche übernachten die prominenten Extrembergsteiger Reinhold Messner und Hans Kammerlander auf der Similaunhütte. Sie sind auf einer Südtirolumrundung und besuchen nach Vorgesprächen mit dem Hüttenwirt interessiert und erwartungsvoll den Fundort. Die Umrundung wird öffentlichkeitswirksam durch die Südtiroler Tageszeitung „Alto Adige" begleitet, fast täglich erscheint ein Artikel. Messner erkennt aufgrund seiner Weltläufigkeit ansatzweise die Bedeutung des Fundes und nutzt die Chance, die Berichterstattung über die Umrundung mit einer weiteren inhaltlichen Facette anzureichern. Er informiert den Redakteur des „Alto Adige" Ezio Danieli über den Fund. Am Sonntagmorgen, 22. September 1991, steht auf der Titelseite zu lesen: „Sensationelle Entdeckung im oberen Schnalstal. Ein altertümlicher Krieger auf Messners Pfaden". Der Artikel berichtet: Reinhold Messner und sein Partner seien während ihrer 41-tägigen Südtirolumrundung am Similaungletscher auf eine bestens konservierte Leiche eines Jägers mit einem Alter von wahrscheinlich 500 Jahren gestoßen. Touristen hätten sie entdeckt, und Messner wurde zum Fundort geführt. Der Tote trage ein Beil in der Hand, auf dem Rücken seien Feuerzeichen oder Spuren von Peitschenhieben zu erkennen und an den Füßen trage er eskimoähnliche Schuhe.

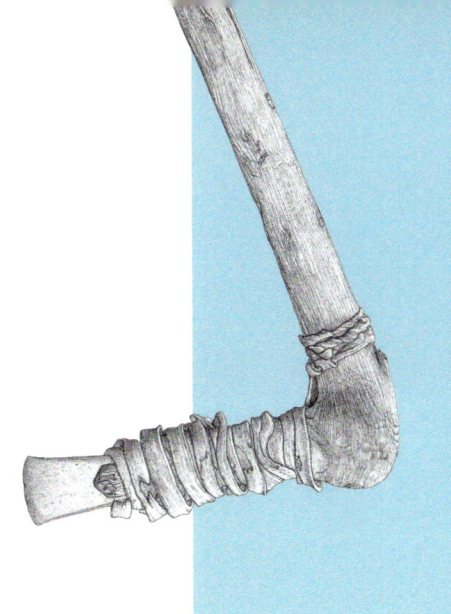

3000/500?

Die veröffentlichte Einschätzung Messners macht klar: Die bis dato „normale" Gletscherleiche ist ein Fund mit archäologischer Bedeutung. Eigentlich schätzt er den Fund aufgrund des „Eisenbeils", das er beschrieben und skizziert bekommt, sogar auf bis zu 3000 Jahre alt. Zu gewagt und unglaubwürdig erscheint dieses hohe Alter jedoch dem Redakteur des „Alto Adige". Messners Image könnte beschädigt werden. Er veröffentlicht daraufhin in Absprache mit Messner das Alter der Leiche mit wahrscheinlich 500 Jahren.

Bewegte Bilder und Rätsel: Die Bergung aus dem Gletscher wird gefilmt. Durch die Prominenz und Bekanntheit der Person Messners wirkt die Berichterstattung glaubwürdig, die Redakteure anderer Medien (Tiroler Tageszeitung, Kronenzeitung, ORF) werden hellhörig, wittern eine gute Geschichte und gute Bilder. ORF und Kronenzeitung chartern einen Hubschrauber; die aufgrund des Wetters verschobene Bergung wird mit dem Gerichtsmediziner vor laufender Kamera und kommentiert stattfinden. Der Beitrag wird noch am selben Tag fertig geschnitten und die Bilder von der Bergung der Gletscherleiche in der Magazinsendung des ORF „Tirol heute" gezeigt. Der Tenor des Beitrags lautet sinngemäß: Eine mysteriöse Gletscherleiche wurde am Hauslabjoch gefunden und geborgen. Diese Bilder gehen auch an die Pressestelle der Sicherheitsdirektion und gelangen mit den dazugehörigen neuen Informationen in die Redaktion der „Tiroler Tageszeitung", die ebenfalls rätselt und spekuliert:

„Noch immer rätselhaft sind Alter und Identität der wahrscheinlich historischen Gletscherleiche, die unterhalb des Hauslabjoch nahe der Finailspitze im hinteren Ötztal geborgen wurde. Der Körper war unmittelbar an der Staatsgrenze ausgeapert. Gestern wurden die Überreste der Innsbrucker Gerichtsmedizin überstellt. Die Untersuchung soll heute vorgenommen werden. Zum ersten Eindruck der Leiche meinte Institutsvorstand Prof. Rainer Henn gestern: „Eher alt als jung!" Wie der an der Bergung beteiligte Wirt der Similaunhütte, Markus Pirpamer, mitteilte, tauchten gestern auch weitere äußere Indizien auf, die auf ein hohes Alter des Fundes hinweisen (…)" (Tiroler Tageszeitung vom 24.09.1991).

Neben einem Foto der Leiche sind auch die Bilder der zugehörigen Funde aus der Gerichtsmedizin abgedruckt. Sie alarmieren Konrad Spindler, Professor am Institut für Ur- und Frühgeschichte der Universität Innsbruck, und dessen Vorstand. Hauptsächlich aufgrund des unscharfen Fotos des Beils vermutet er ein Mindestalter des Fundes von 2000 Jahren. Kurz darauf am Seziertisch der Gerichtsmedizin datiert Spindler den Fund auf 4000 Jahre und älter. Er schreibt später: „Aus einem gerichtsmedizinischen Sonderfall wird die archäologische Sensation des Jahrhunderts". Die Medien selbst wirken mit, dass dies so früh erkannt wird.

← Der ORF dokumentiert die Bergung der Mumie

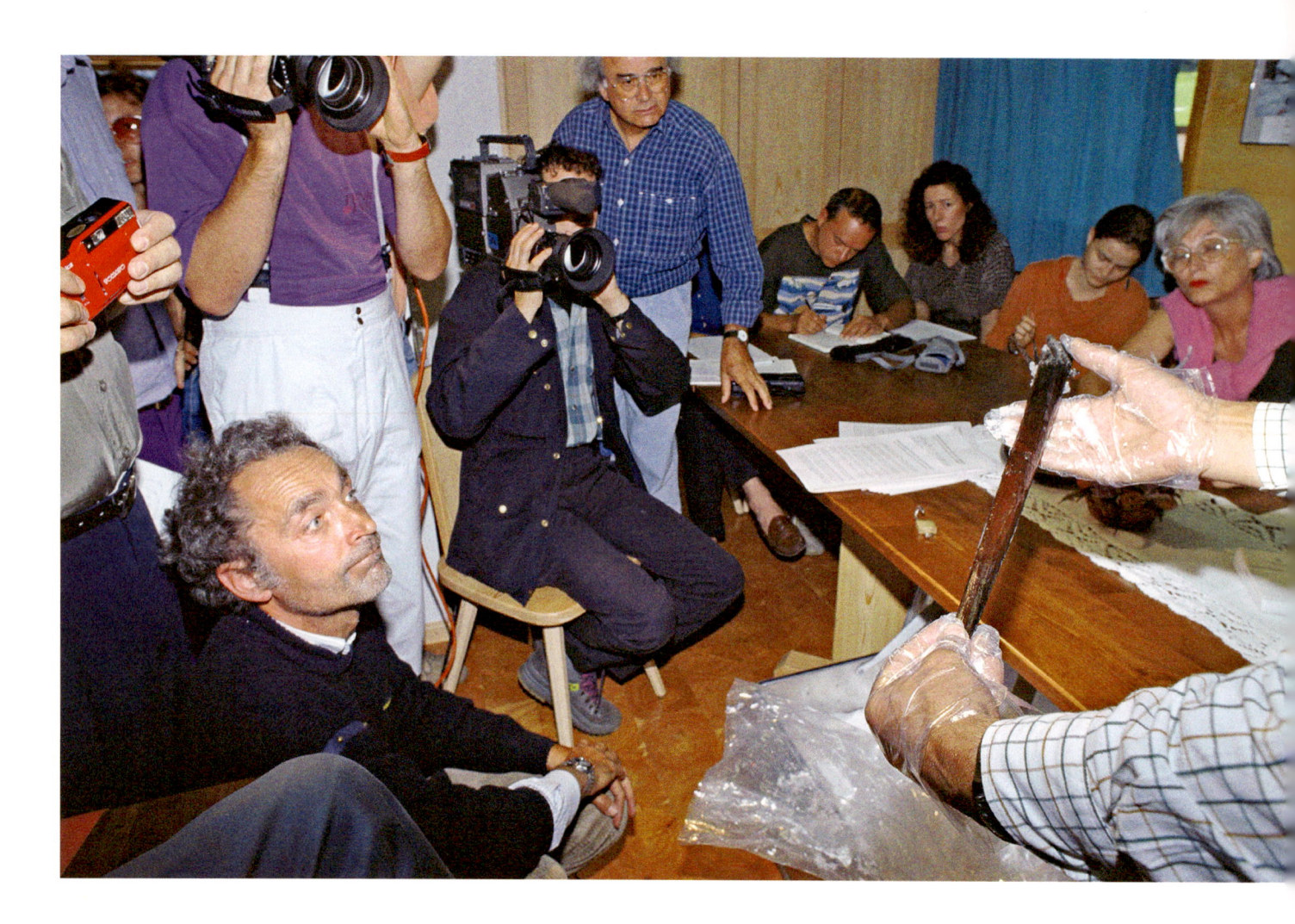

↑ Erste improvisierte
Pressekonferenzen

Spekulation beendet: Ein angesehener Experte bestätigt die vermutete Sensation.
Den Wissenschaftlern wird schlagartig klar: Der uneingeschränkte Zugang der Öffentlichkeit zu diesem sensationellen Fund kann nicht mehr gewährleistet werden. Vor den Blicken einiger anwesender Journalisten verborgen, wird die Mumie in die Kühlzellen der Anatomie überführt und eingelagert. Dort kann die Gletschermumie unter denselben Bedingungen wie im Gletscher gelagert werden. Gleichzeitig entschließen sich Gerichtsmediziner Henn sowie Ur- und Frühgeschichtler Spindler, alle Anfragen in einer Pressekonferenz noch am selben Abend zu bündeln. Sie kommen sonst nicht zum Arbeiten. Henn und Spindler handeln – intuitiv oder bewusst – wie professionelle Kommunikatoren. Das hat Auswirkungen, denn Journalisten und Redaktionen sind solches Verhalten gewohnt. Was folgt ist Medienroutine: inhaltlich vorbereiten, Sendeplätze reservieren und Kamerateams schicken. Sie erwarten eine Sensation.

Durch die Verlagerung der Mumie aus der Gerichtsmedizin an einen für Journalisten unbekannten Ort beginnt sich der direkte Bezugspunkt der Berichterstattung aufzulösen. Die Medien konzentrieren ihre Aktivitäten auf den einzigen Punkt, an dem nun alle Fäden zusammenlaufen: das Institut für Ur- und Frühgeschichte im sechsten Stock der Geisteswissenschaftlichen Fakultät der Universität Innsbruck. Es wird in den nächsten zwei Wochen regelrecht belagert.

Mit der Pressekonferenz am frühen Abend profiliert sich Spindler als Experte für die Bedeutung des Fundes und berichtet das, was bis zu diesem Zeitpunkt bekannt ist: Ein anzunehmendes Mindestalter von 4000 Jahren, die mögliche Einordnung des Fundes in die frühe Bronzezeit oder, wenn älter, in die Jungsteinzeit. Alle Fragen werden beantwortet und Hintergrundinformationen vermittelt. Zum Abschluss der Veranstaltung bekommen alle Anwesenden den vorerst letzten, kontrollierten Zugang zur Leiche. Spindler entwickelt sich zum idealen Ansprechpartner für die Medien. Sein offenes, auch in der Wortwahl stets durch Klarheit bestimmtes Informationsverhalten fast ohne „Fachchinesisch" ist bei Wissenschaftlern selten.

Möglichst schnell und exklusiv: Die Medien belagern das Institut. Völlig unerwartet sieht sich das Institut für Ur- und Frühgeschichte den Folgen der Pressekonferenz ausgesetzt: Schlagzeilen wie „Sensationsfund unter dem Eis" (Nürnberger Nachrichten, 25.09.1991), „Eisleiche gilt als Sensation" (Generalanzeiger Bonn, 25.09.1991), „Wissenschaftler: Gletscherleiche ist 4000 Jahre alt" (Die Welt, 25.09.1991) und „Forscher im Bann des Gletschermanns" (Süddeutsche Zeitung, 26.09.1991) prägen die regionale und überregionale Berichterstattung. Eine enorme Medienresonanz bricht über das kleine Institut herein. Die kommunikative Infrastruktur kann dem Ansturm nicht mehr gerecht werden. Erstaunlich, wie darauf reagiert wird: Anstatt sich abzukapseln, werden zusätzliche Telefonleitungen gelegt, Telefone, Faxgeräte und Kopierer schnellstmöglich herbeigeschafft. Nicht nur, dass Journalisten und Kamerateams die Gänge und Treppenhäuser zum Institut verstopfen, jede Leitung hinauf in den sechsten Stock ist belegt. Die Mitarbeiter teilen den Telefondienst nach Sprachen ein: Für italienische, französische, englische und deutsche Presseanfragen stehen jeweils Apparate und Ansprechpartner zur Verfügung, die die Betreuung übernehmen. Konsequent wird durchgezogen, was die Pressekonferenz ausgelöst hat: Alle Informationen für jeden zu jeder Zeit.

Fachlich kompetentester Ansprechpartner und immer wieder gewünschter Interviewpartner ist aber Spindler. Fast alle seiner Kollegen, die ihn in dieser Phase entlasten könnten, sind in Urlaub oder bei Ausgrabungen und haben den Fund nicht zu Gesicht bekommen. Die Nachfrage nach dem zu diesem Zeitpunkt einzig verfügbaren Experten, der über die Datierung anhand der Beifunde hinausgehende Informationen verspricht, ist enorm. Von seinen Sekretärinnen wird er im Zehn-Minuten-Takt für Interviews, Stellungnahmen und Erläuterungen professionell verplant.

Spindler bekommt Freiflüge in Fernsehstudios nach Mainz, Hamburg und London angeboten, die er aus Zeitgründen jedoch ablehnt. Dadurch wird er als Gesprächspartner immer begehrter. Nur am Abend wird er noch im ORF-Studio Tirol am Innsbrucker Rennweg vor die Kamera geholt. Die übrige Zeit gibt er Interviews für Hörfunk, Presse und Fernsehen vor Ort und beantwortet geduldig Presseanfragen. Er will alles beantworten und keinen bewusst von Informationen ausschließen – ein intuitiv professioneller Umgang mit Presseanfragen in solchen „Krisenzeiten".

Die Bilder von der Bergung werden wieder hervorgeholt und sind Gold wert – sie vermitteln den Fernsehzuschauern zusammen mit den Bildern aus der Gerichtsmedizin das Gefühl, direkt am Ort des Geschehens zu sein. Sie haben dokumentarischen Charakter und gehen um die Welt.

Erklärungsversuche und Hypothesen: Die Medien wollen eine Geschichte erzählen. Mit der Erforschung der Beifunde in Mainz und der Mumie in Innsbruck gewinnen die Wissenschaftler fast jeden Tag neue Erkenntnisse. Puzzleartig wird versucht, die Ereignisse vor 5000 Jahren zu rekonstruieren. Was war das für ein Mann, ein Schamane, Jäger, Erzsucher oder Verstoßener? Was machte er auf über 3000 Metern Höhe? Wollte er flüchten? Schnell machen sich Spekulationen und Hypothesen breit, die an Kriminalfälle erinnern. Mit jeder neuen These besteht ein neuer Berichterstattungsanlass. Die Diskussion wird öffentlich geführt.

Politisch und rechtlich nicht klar: Wem gehört der Fund? Der Fund ist auch politisch brisant: Schon kurz nach der Bergung ist unklar, ob die Fundstelle nicht doch – im Gegensatz zu den ersten Annahmen – auf italienischem Gebiet liegt. Reinhold Messner – ganz im Sinne seiner Südtirolumrundung auf Öffentlichkeit bedacht, reichert sein Thema um eine weitere Facette an: Er reklamiert den Mann im Eis für Südtirol. Dies wird sogleich über die Nachrichtenagenturen dpa, Reuters und APA verbreitet. Die österreichische Kronenzeitung berichtet am 28. September: „Italien will den ‚Eismensch'" (Kronen-Zeitung, 28.09.1991). Aufgrund des Mediendrucks wird die Fundstelle neu vermessen. Die Medien spekulieren in der Zwischenzeit und „wärmen" die Diskussionen um die Grenzziehungen nach dem Ersten Weltkrieg wieder auf.

Die Vermessungskommission wird in Vent von Vertretern des ORF und der Austria-Presse-Agentur erwartet. Wie bei der Bergung sind auch bei der Vermessung Medienvertreter vor Ort. Dass der Fund weniger als 100 Meter von der Grenzlinie entfernt auf italienischem Staatsgebiet liegt, wird bereits eine Stunde später über Radio Tirol ausgestrahlt. Reportagen und Bildberichte in den abendlichen Nachrichtensendungen sowie der Tagespresse folgen.

Der in den Medien ausgetragene Streit um die Nationalität will dennoch nicht verstummen. Erst die Stellungnahmen und Einigung der beiden Landesvertreter aus dem österreichischen Bundesland Tirol und der Autonomen Provinz Bozen/Südtirol bereiten dem ein Ende. Wiederum über die Medien geben die beiden öffentlich bekannt: Der Fund ist Eigentum des Landes Südtirol, die wissenschaftlichen Untersuchungen werden an der gemeinsamen Landesuniversität Innsbruck durchgeführt, und beide Länder geben gemeinsam eine wissenschaftliche Dokumentation der Ergebnisse heraus.

↓ **Neuvermessung** der Fundstelle

«Ötzi, la mia radiografia più emozionante»
Ötzi superstar in televisione
La mummia, star di fama internazionale
Pubblico in coda per ammirare l'uomo vissuto 5200 anni fa
Ötzi im Krankenhaus
Um Tattoos von Ötzi bis heute geht es im Ötzi Museum Bozen.
Iceman mystery takes a new twist
Arrowhead Shows Oetzi Was Killed
Ötzi non ha ancora finito di stupirci
Dal Dna dell'uomo del Si... nuove scoperte sui nostri antenati
Mystery demise of Oet... iceman is finally solved
'Iceman' provides rare glimpse of prehistoric use of medicine
Ötzi wurde ermordet
The Iceman Warms Up
Medical tests performed on defrosted mummy
„Die Medizin hat von Ötzi profitiert"
Ötzi aveva le pulci

Zusammenarbeiten: Ein gemeinsames Institut wird gegründet. Zahlreiche Wissenschaftler wollen an der Gletschermumie forschen: Die einzigartige Bedeutung des Fundes führt zu einer interdisziplinären und länderübergreifenden „Schaltstelle der Eismannforschung" – der Gründung des Forschungsinstituts für Alpine Vorzeit. Mit der entsprechenden Öffentlichkeitsarbeit wird eine Vielzahl von Forschungsprojekten initiiert, koordiniert und vorgestellt. Insgesamt über 60 Forscherteams verschiedenster Disziplinen mit annähernd 150 Wissenschaftlern aus mehr als zehn Ländern dürfen in den nächsten Jahren am Mann im Eis arbeiten. Die Finanzierung ist jedoch über bereitgestellte Forschungsmittel durch Österreich und Südtirol nur zu einem gewissen Teil gesichert.

Unter dem permanenten Kontakt mit Massenmedien und einschlägigen Angeboten reift die Idee, für Informationen, Bilder und Verwertungsrechte ausgewählte Medien bezahlen zu lassen und diese Finanzierungsquelle gezielt für die Forschung zu nutzen. Dazu wird die Kommunikation professionalisiert: Sowohl eingehende Interessen der durch die Massenmedien repräsentierten Öffentlichkeit als auch Eigeninteressen von publikationswilligen Wissenschaftlern müssen über das Forschungsinstitut laufen. Ende März 1992 unterschreiben die Wissenschaftler einen Grundsatzkatalog für die Kommunikation im Zusammenhang mit dem Mann im Eis. Darin werden Sponsorenrechte geschützt, Relevanz und Zuständigkeiten für Pressekonferenzen geklärt sowie eine Absprachepflicht von Fachpublikationen eingefordert. Populärwissenschaftliche Veröffentlichungen in Zeitungen, Zeitschriften und Magazinen dürfen nur mit der ausdrücklichen Genehmigung

EINER VON UNS

Der Mann im Eis bekommt einen Namen: Er wird einer von uns. Eine wichtige Rolle in der öffentlichen Kommunikation spielt die Benennung des Mannes im Eis. Diese ändert sich: Die Medien geben der Gletscherleiche erst mit der Zeit den Namen „Ötzi". Dieser Kosename hat sich in der Medienberichterstattung „herausgearbeitet": In den ersten Tagen nach dem Fund werden vor allem die Wörter Leiche, Fund, Toter, Eismann, Similaunmann und Mann im Eis verwendet. Im zweiten Abschnitt, also 1992, treten hingegen Ötzi, Gletschermann, Eismann, Homo tirolensis und Urtiroler am häufigsten auf. 1992 wird in jeder vierten Textstelle im Kontext „Mann im Eis" der Name „Ötzi" erwähnt. Die ursprünglich verwandten unbelebten Bezeichnungen - also Leichenwörter wie Toter, Leichnam, sterbliche Überreste etc. - werden durch „echte", positiv besetzte Namen ersetzt. Am deutlichsten wird das in den großen Überschriften: Es findet sich 1992 kein einziges Leichenwort mehr. Mehr als die Hälfte der fast 100 Schlagzeilen nennen den Mann im Eis Ötzi. Im Englischsprachigen setzt sich „Iceman" durch, im Französischen „Hibernatus" - doch der Name Ötzi ist international.

der Universität erfolgen. Diese legt das Entgelt (Honorar) für die Informationen fest und entscheidet über die Verwendung. Ebenso müssen Interviewanfragen weitergereicht werden. Es ist der Versuch, die Kommunikation zum Thema „Der Mann im Eis" zentral zu bündeln und zu steuern.

So vorbereitet vergibt das Forschungsinstitut als Organ der Universität Verwertungsrechte über eine Agentur an interessierte Medien. Sie soll möglichst gut bezahlte Exklusivitätsvereinbarungen für Buchveröffentlichungen, Presseberichterstattungen sowie Film- und Bildrechten aushandeln – auch auf internationaler Ebene. Die so erwirtschafteten Geldmittel werden ausschließlich in die Eismannforschung und den Erhalt des Forschungsinstitutes investiert. Für den Printsektor erhält meistbietend im Sommer 1992 das deutsche Wochenmagazin „Stern" exklusiv Zugang zur Mumie und zu neuesten Informationen. Die Publikation des populärwissenschaftlichen Buches erfolgt exklusiv über den Bertelsmann-Verlag, die Fernsehrechte sichert sich Spiegel TV. Insgesamt fließen durch die Vergabe von Verwertungsrechten annähernd 15 Millionen Schilling in das Forschungsprojekt, fast so viel wie von staatlicher Seite.

Vorträge und Konrad Spindler vor Ort sind immer eine Berichterstattung wert.
Schnell erreichen Konrad Spindler Vortragsanfragen. Er reagiert darauf wie generell im Umgang mit Medien: Nach Möglichkeit wird kein Vortragswunsch abgelehnt. Nicht nur Fachpublika, sondern beispielsweise auch Schülergruppen und Unternehmen möchten gerne über die wissenschaftlichen Ergebnisse persönlich informiert werden. Die Anfragen häufen sich. Der Institutskollege Walter Leitner, ebenfalls mit dem Fund vertraut, übernimmt vor allem regionale und italienischsprachige Vorträge im angrenzenden Südtirol. Insgesamt halten Leitner und Spindler im Zeitraum 1992 bis 1995 beinahe 600 Vorträge, die jeweils inhaltlich zielgruppenspezifisch abgestimmt werden. Vortragsreisen führen sie durch Europa, nach Australien und in die USA. Beide besitzen die Fähigkeit, in den Vorträgen Begeisterung für und Interesse an dem Fund zu transportieren, zu vermitteln und zu befriedigen: Fast jeder Vortrag zieht Folgevorträge nach sich. Zudem verstehen sie es, wissenschaftliche Ergebnisse auch außerhalb des Fachbereichs transparent und nachvollziehbar für eine geneigte Öffentlichkeit populärwissenschaftlich zu formulieren. Dies gilt auch gegenüber dem Mediensystem. Jede Vortragstätigkeit erzeugt Vor- und Nachberichterstattungen in den lokalen und regionalen Medien im Bereich des Veranstaltungsortes.

Der „Ötzi" ist nach 20 Jahren immer noch Gegenstand der Berichterstattung.
Die Querelen um den Finderlohn für das Entdeckerehepaar Simon, die wirkliche Todesursache des Mannes im Eis oder die Entschlüsselung seines Erbgutes: „Ötzi" bleibt auch 20 Jahre nach der Entdeckung ein Thema in den Medien. Eine nahezu perfekte Mischung aus einem sensationellen Fund, immer wieder neuen wissenschaftlichen Erkenntnissen sowie kommunikationsbegabten und immer kommunikationsbereiten Beteiligten (Spindler, Messner) macht die einstige Gletscherleiche zu einem medialen „Dauerbrenner". So kommt zusammen was Medien – und Menschen allgemein – lieben: spannende, facettenreiche und manchmal überraschende Geschichten über die Person „Ötzi" und ihr Schicksal.

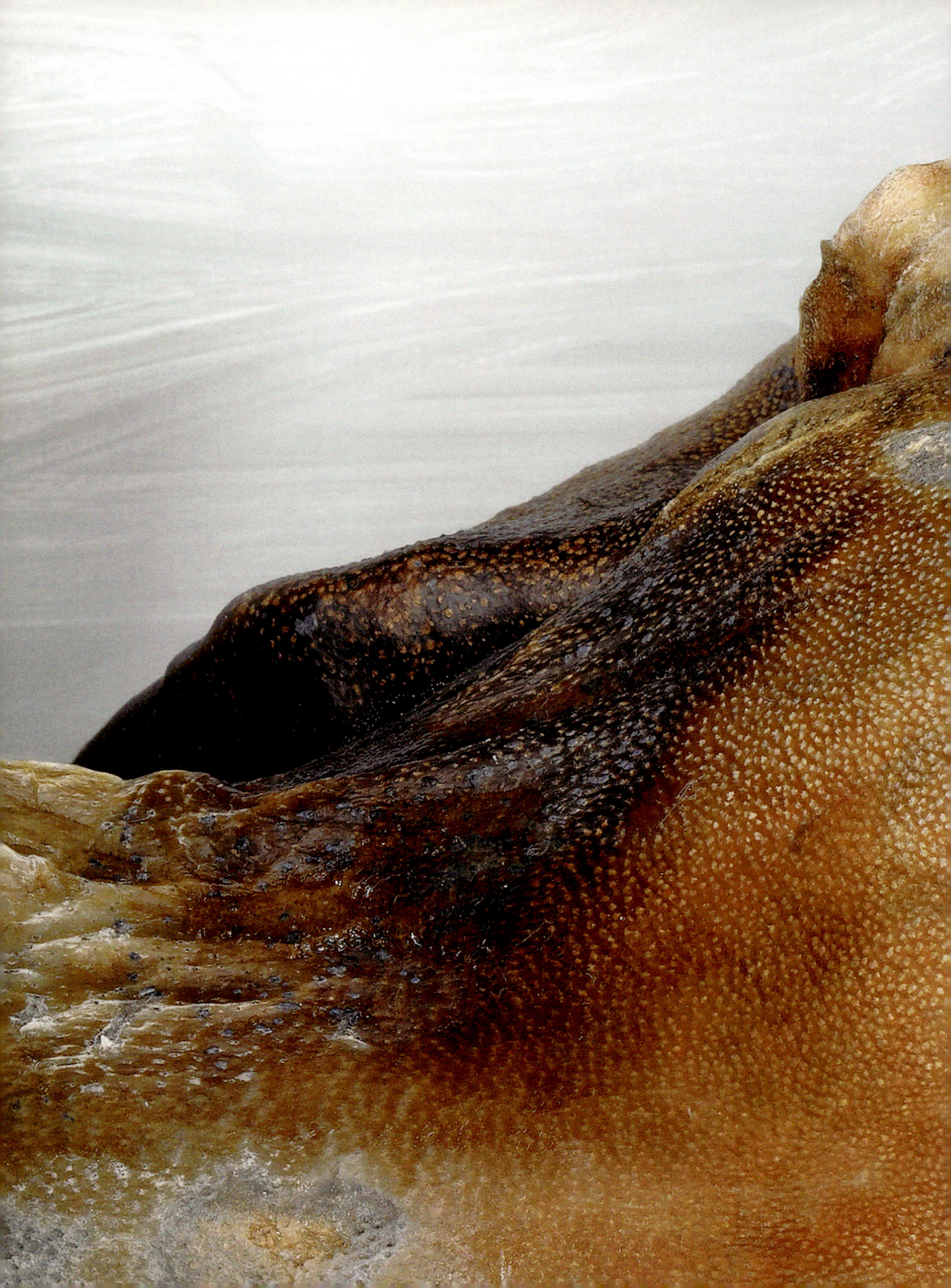

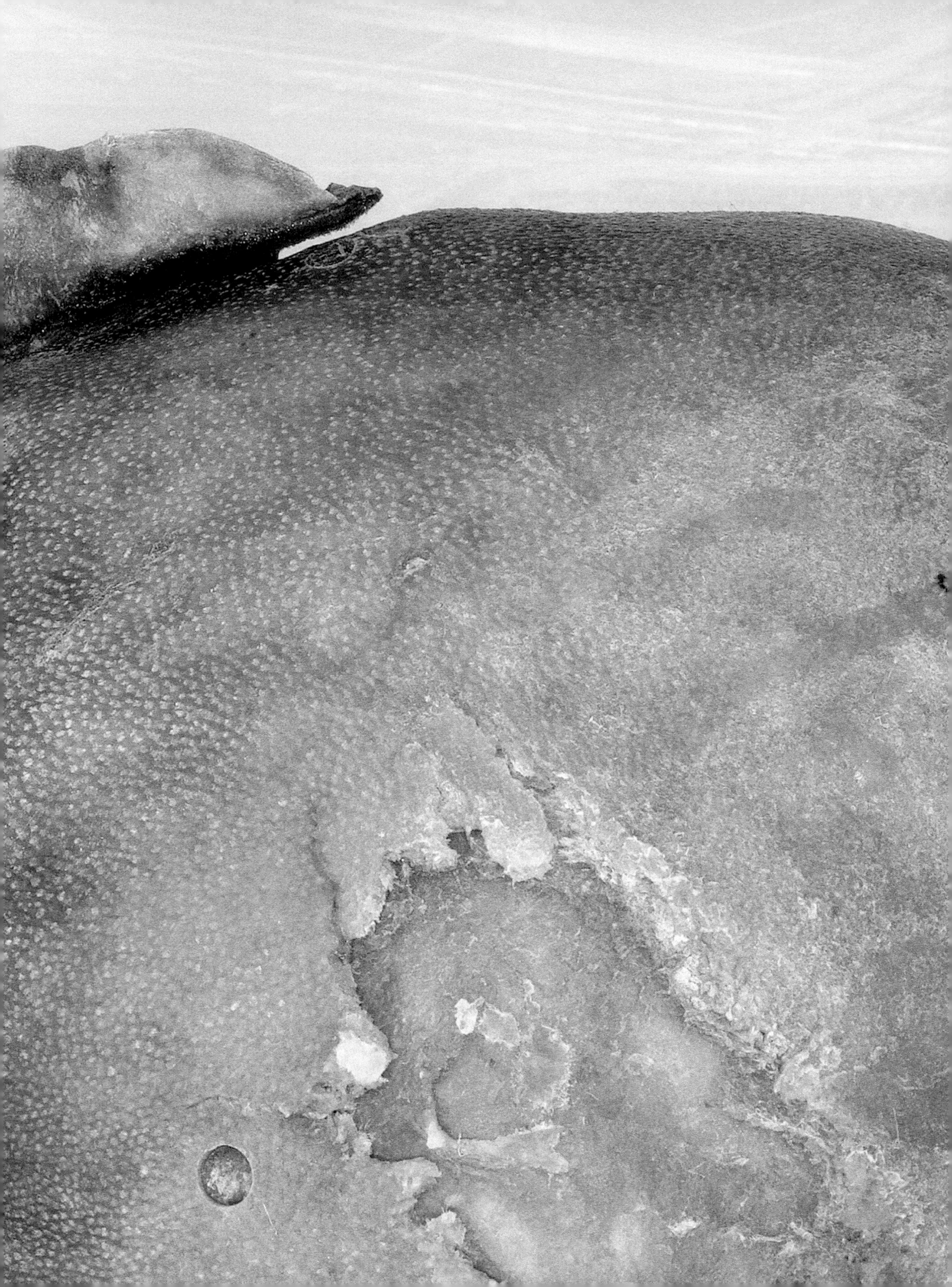

KRIMINALFALL ÖTZI

EDUARD EGARTER-VIGL

→ Blick durch das Fenster in die Kühlzelle

↵ Detailaufnahme Hinterkopf und Ohr

Südtiroler Archäologiemuseum in Bozen, 1. Stock: Der Raum vor dem Sichtfenster ist diskret abgedunkelt und klimatisiert, aus versteckten Lautsprechern tönt entfernt Windgeräusch. Der Blick durch das 8 cm dicke Panzerglas fällt auf eine mit igluartigen Eisfliesen belegte Wand. Davor im Halbdunkel auf einer Glasschale ausgestreckt ein ausgemergelter, hagerer Körper mit eingefallenen Gesichtszügen. Hervortretende Backenknochen, eingefallene Augen, krallenartig gekrümmte Hände zeichnen einen leidenden Menschen. Die Eindrücke sind durch eine durchsichtige Eisschicht abgemildert, die den Körper in all seinen Einzelheiten in unterschiedlicher Dicke bedeckt. Die Gedanken des Betrachters verlieren sich, jeder Besucher hängt seinen eigenen Fantasien nach.

Tisenjoch 3210 m über dem Meer, Montag, 23. September 1991, vormittags: Der Gerichtsmediziner Rainer Henn von der Universität Innsbruck und die österreichischen Gendarmen sind aus dem Hubschrauber gekraxelt. Sie sollen im Auftrag der Staatsanwaltschaft einen Toten bergen. Vermutlich wieder ein verunglückter Bergsteiger oder Skitourengeher. Die Bergung gestaltet sich schwierig. Der Körper ist über Nacht knapp oberhalb der Gürtellinie im Schmelzwasser festgefroren. Nur mit Eispickeln und Skistöcken ist an ein Freilegen zu denken. Kurzzeitig kommt auch ein Presslufthammer zum Einsatz, doch die Batterie ist bald leer. Endlich ist der Körper freigelegt und wird samt einigen Kleiderfetzen und stark verwitterten Gegenständen aus Holz in einen Transportsack verfrachtet und zu Tal gebracht. O-Ton des Gerichtsmediziners: Der Mann ist mit Sicherheit schon länger tot.

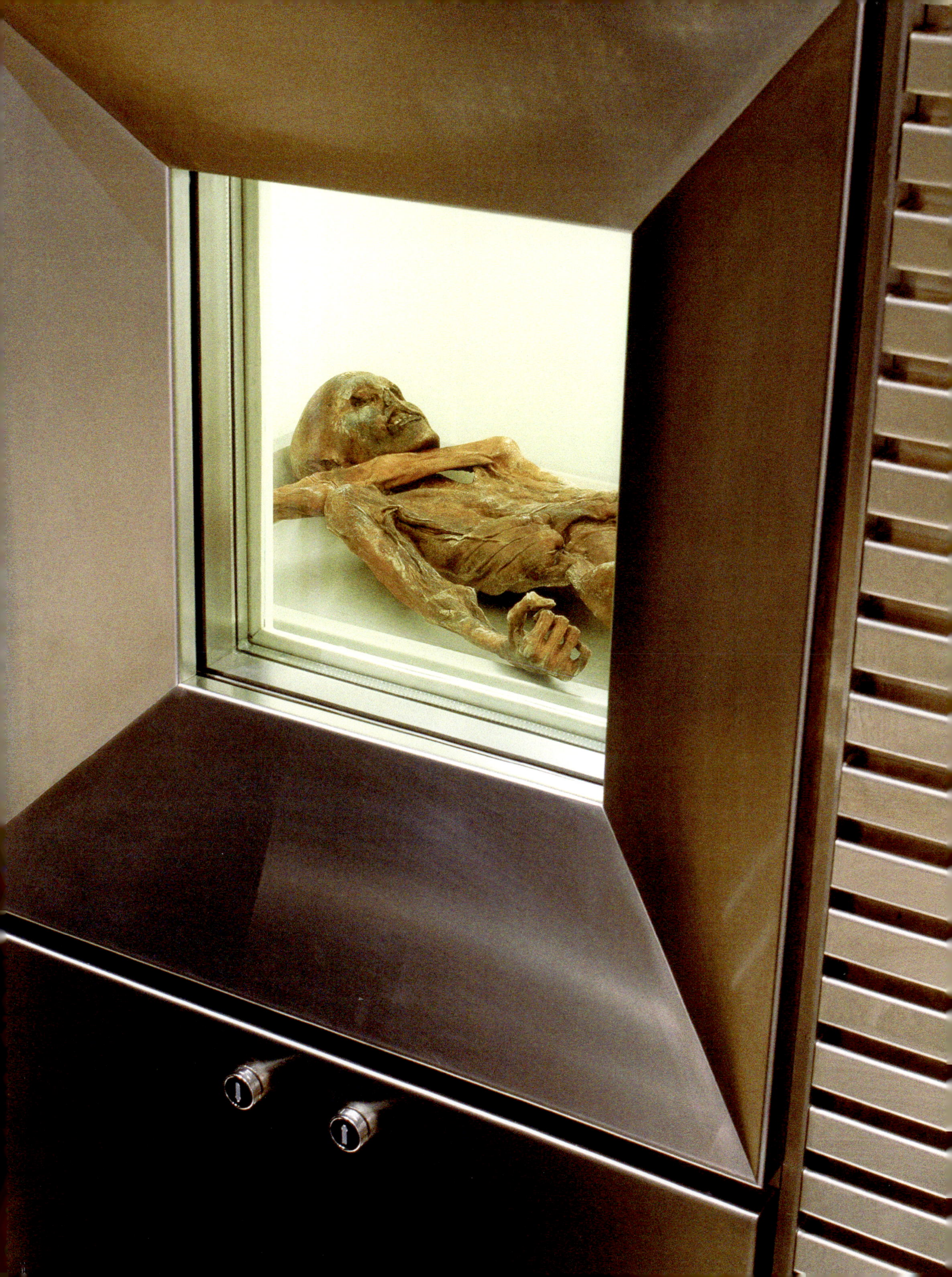

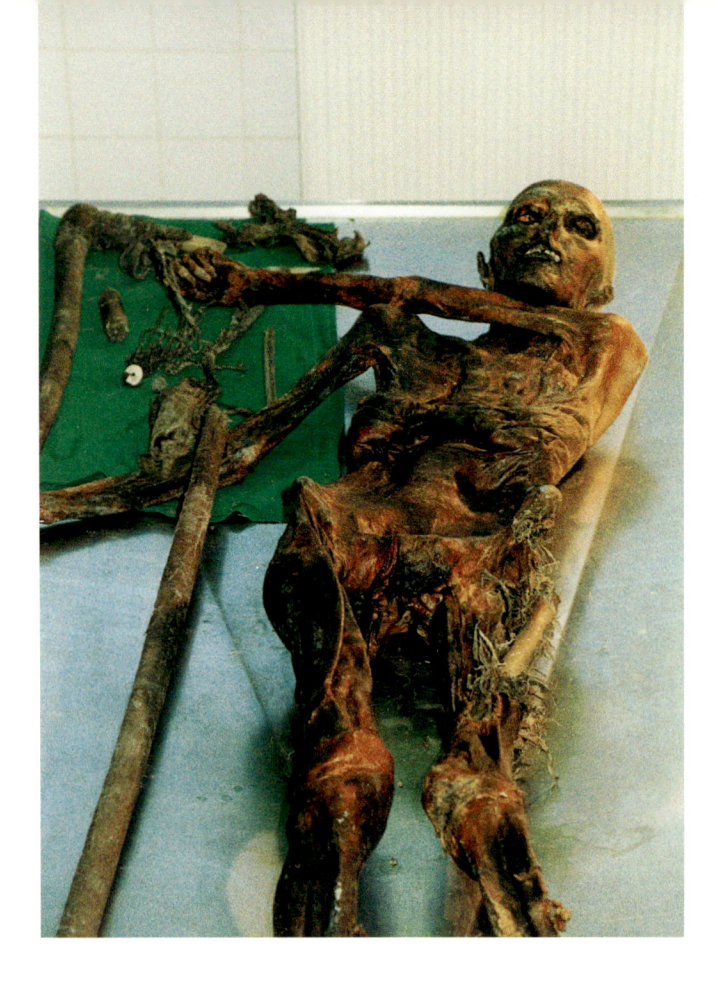

↑ Erste Begutachtung der Leiche und der Beifunde in der Gerichtsmedizin

↑ Grenzübergang Brenner

Universität Innsbruck, Institut für Gerichtsmedizin: Die Sensation ist perfekt: Die am Tisenjoch aus dem Eis geborgene Leiche ist 5300 Jahre alt, stammt somit aus der Jungsteinzeit. Forscher aus der ganzen Welt bemühen sich um den Mann aus dem hintersten Ötztal, dem in der Zwischenzeit der Übername „Ötzi" verliehen wurde. Aus den verschiedensten naturwissenschaftlichen Blickwinkeln wird jedes Detail beleuchtet. Auch die Erforschung der Todesursache und des Gesundheitszustands des Mannes aus dem Eis, so seine offizielle Bezeichnung, werden eifrig betrieben. Man geht von einem Erfrierungs- oder Erschöpfungstod aus, nachdem die medizinischen Untersuchungen einschließlich bildgebender Verfahren keine natürliche Todesursache ergeben hatten. Von archäologischer Seite wird vermutet, dass der Schafhirte oder Händler, Botschafter oder Jäger beim Übergang vom Schnalstal ins Ötztal oder umgekehrt ins schlechte Wetter geraten und durch diese widrigen äußeren Umstände verstorben sei.

Bozen, 16. Januar 1998: Der mumifizierte Körper des Mannes aus dem Eis wird unter aufwändigen Sicherheitsvorkehrungen von Innsbruck nach Bozen überstellt. Im neu eingerichteten Archäologiemuseum steht ein moderner Kühlzellenkomplex zur Aufnahme des gefrorenen Körpers bereit. Man hat sich auf eine natürliche Konservierungsmethode geeinigt unter Berücksichtigung jener physikalischer Parameter, welche die jahrtausendelange Liegezeit im Gletschereis ermöglicht hatten.

Zentralkrankenhaus Bozen, im Juni 2001: Im Zuge medizinischer Untersuchungen und Durchführung von Röntgenaufnahmen wird in den Weichgeweben der linken Achsel ein dreieckiger Röntgenschatten und am Rücken im Bereich des linken Schulterblattes eine wenige Millimeter große Hautverletzung gefunden. Weiterführende Untersuchungen mittels dreidimensionaler Rekonstruktion der Computerdaten und forensischer Kleinarbeit führen zum überraschenden Ergebnis, dass Ötzi an einer Pfeilschussverletzung mit nachfolgender Blutung verstorben sein muss. Die Pfeilspitze aus Feuerstein befindet sich noch im Körper, die umliegenden Gewebe sind blutdurchtränkt ebenso der Schusskanal, der durch das Herausziehen des Pfeilschaftes offenliegt.

Tisenjoch, im Frühsommer vor etwa 5300 Jahren: Der drahtige Mann mittleren Alters – Untersuchungen werden ein Alter von ca. 45 bis 46 Jahren ergeben – ist müde vom Aufstieg aus dem Tal bis über die Baumgrenze. Unterwegs hat er Wasser von den umliegenden Bächen getrunken. In seinen Lungen und im Darminhalt konnten Pollen von Pflanzen nachgewiesen werden, die nur im Frühling und Frühsommer blühen. Hatte also zur Zeit seines Aufstieges auf der Höhe noch Schnee gelegen? Die Ereignisse der vergangenen Tage müssen ihn gezwungen haben, seine Waffenausrüstung zu erneuern. Der halbfertige Bogen und die Rohlinge der Pfeilschäfte zeugen davon. Nur zwei der 14 Pfeile in seinem Köcher sind einigermaßen schussbereit, und sie stammen nicht aus derselben Hand. Zu unterschiedlich ist ihre Machart.

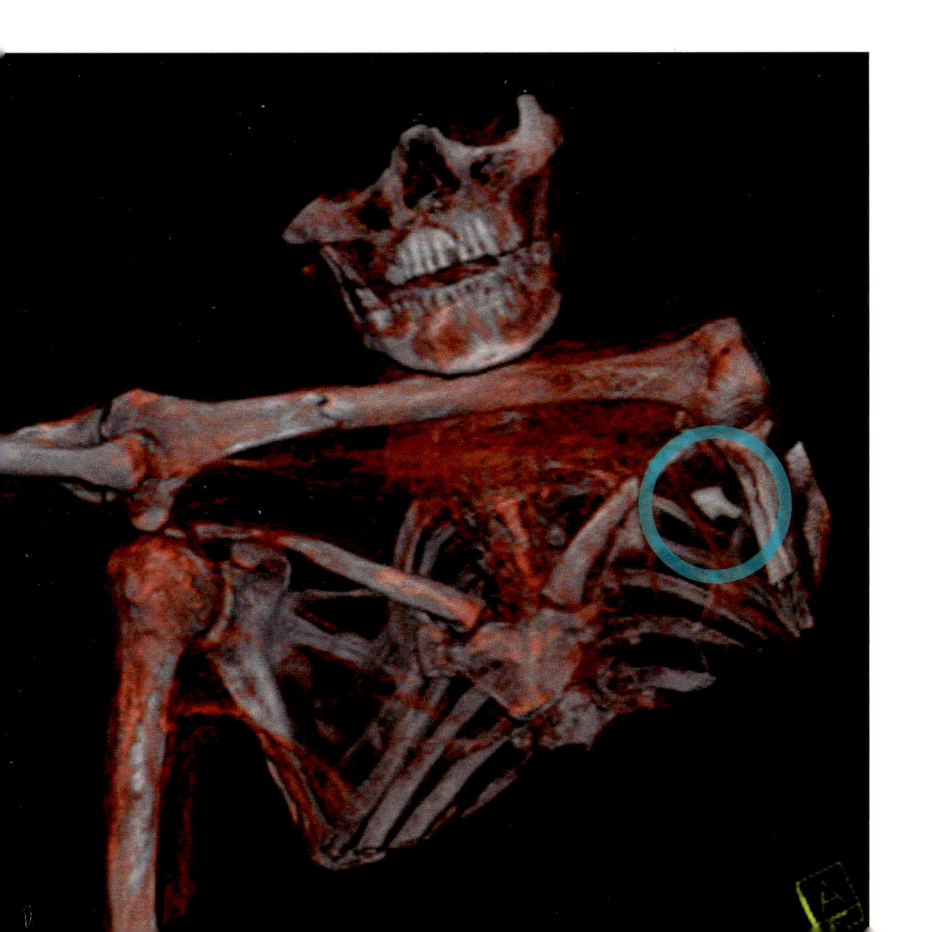

↓ Position der **Pfeilspitze** in der linken Schulter

KRIMINALFALL ÖTZI

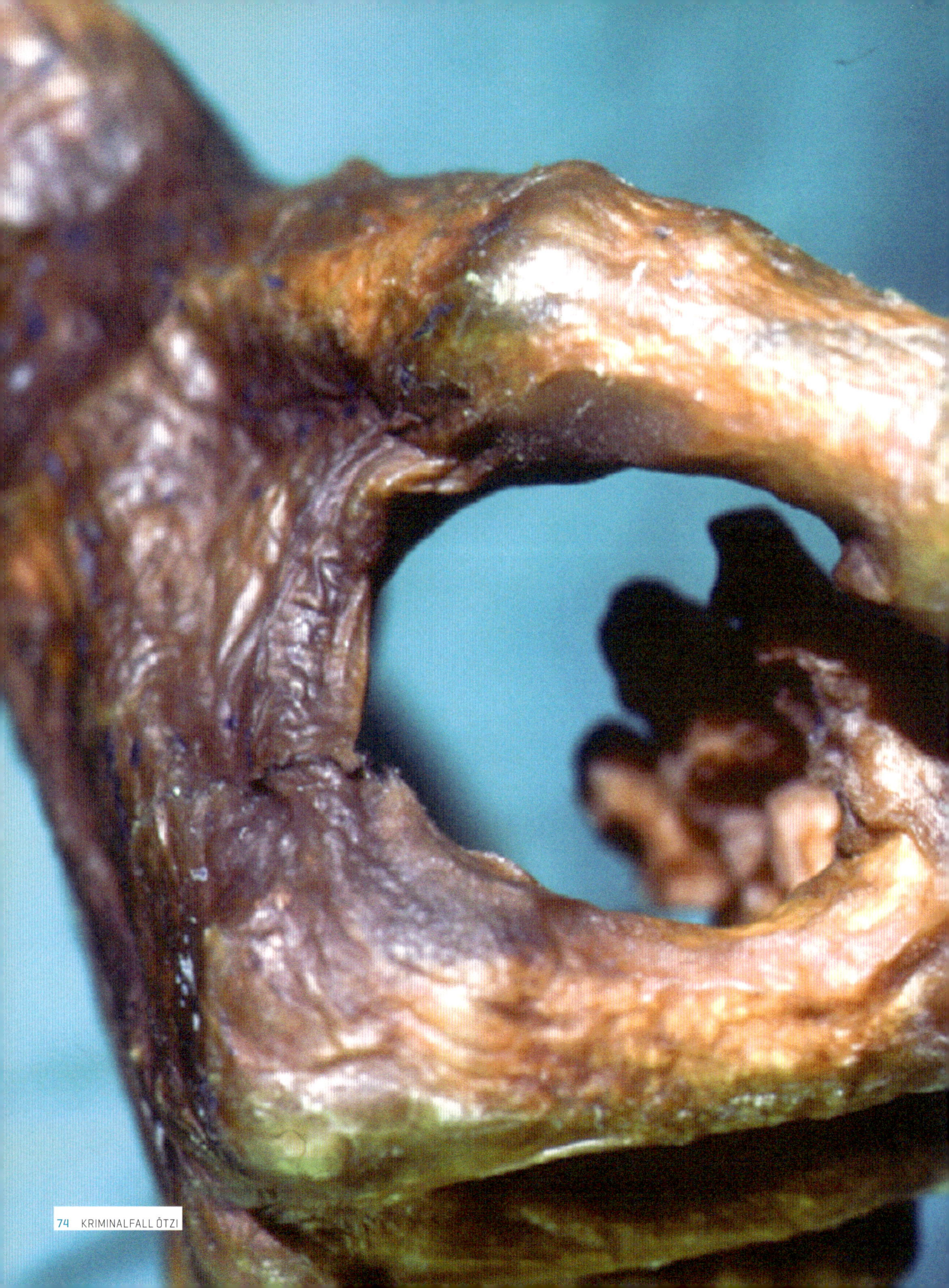

← Verteidigungsverletzung an der rechten Hand

Die rechte Hand ist schwer verletzt. An der Brücke zwischen Daumen und Zeigefinger zieht eine tiefe Fleischwunde bis auf den Knochen. Diese Hand ist vorerst nicht zu gebrauchen, ein Einsatz im Kampf ausgeschlossen. Die Untersuchungen der Wundränder im Mikroskop erlauben eine Rückdatierung der Verletzung auf ein bis drei Tage. Nach den Erfahrungen aus der forensischen Pathologie kann es sich durchaus um eine Kampf- oder eine Verteidigungsverletzung handeln. Weniger plausibel erscheint eine Zufallsverletzung.

Der Mann sucht nach einer einigermaßen sicheren, nicht gleich einsehbaren Stelle zwischen den Felstrümmern, um sich auszuruhen. An die Felsränder der Mulde lehnt er seine Ausrüstung, sie wird Jahrtausende später unregelmäßig verstreut, teils im Schmelzwasser schwimmend, teils im Eis festgefroren, geborgen werden. Dann setzt er sich nieder, um sich zu stärken. Computertomografische Aufnahmen des Magens zeigen einen erweiterten, gut gefüllten Magen mit einem noch kaum angedauten Inhalt. Aufgrund der grob zerkauten Speisen kann die letzte Mahlzeit nicht lange zurückliegen, höchstens bis zu einer Stunde.

Über die weiteren Ereignisse hoch oben am Hauslabjoch kann nur mehr spekuliert werden. Ob sich der Pfeilschütze heimlich im Schutz der mannshohen Felsblöcke angeschlichen hat oder sein Opfer am Joch schon erwartet hat, wird sich wohl nie klären lassen. Auch die Einschätzung der Stellung des Schützen zu seinem Opfer und umgekehrt, die Berechnung der Schusswinkel und der Schussentfernung sind zu vielen Variablen unterworfen, als dass verlässliche Schlussfolgerungen möglich wären.

Der Mann aus dem Eis wird nach 5300 Jahren in Bauchlage aufgefunden, das Gesicht auf dem nackten Felsen mit Nase und Mund aufliegend. Nur wenige Zentimeter hat sich der Körper unter dem Eis in der langen Zeit bewegt, das bezeugen die leicht nach oben verschobene Oberlippe und die gequetschte Nase. Der linke Arm liegt unter dem Hals und ist im Schultergelenk unnatürlich stark abgewinkelt. Diese Lage ist nicht geeignet, um zu rasten oder um Schmerzen zu lindern. Dass es sich bei der Armhaltung mit Sicherheit um die Sterbeposition handelt, beweist im Röntgenbild der ungebrochene Blutfluss von der Blutgefäßverletzung ausgehend durch das Schulterblatt hindurch bis an die Hautoberfläche. Jede Veränderung der Armhaltung nach dem Tode hätte unweigerlich eine Unterbrechung dieses Blutflusses bedeutet.

Der Pfeil trifft das Opfer wie ein Blitzschlag, unvorbereitet und mit enormer Wucht. Man kennt die verheerende Wirkung ähnlicher Pfeilgeschosse von der Jagd und von Beschreibungen der Kämpfe zwischen nordamerikanischen Indianern und Siedlern. Der Mann verliert das Gleichgewicht, fällt bei den unregelmäßigen Bodenverhältnissen nieder, der Schmerz ist brennend und lähmend zugleich, raubt ihm die Sinne. Vielleicht schlägt der Kopf beim Hinfallen auf einen Stein auf. Ein Bruch des oberen rechten Backenknochenbogens und der hinteren linken Schädeldecke könnten davon zeugen. Es ist aber auch nicht auszuschließen, dass die Brüche Folge des Eisdruckes waren. Röntgenbilder des Gehirns oder besser, von dem, was davon übrig ist, lassen eine Blutung im rechten Großhirnlappen vermuten. Beweise für diese Annahme stehen allerdings noch aus.

Der Getroffene liegt am Boden, ist betäubt oder gar bewusstlos. In weniger als einer Minute wird der Blutverlust aus der zerfetzten Oberarmschlagader so groß sein, dass sein Gehirn nicht mehr ausreichend mit Blut und Sauerstoff versorgt sein wird. Dann überkommt ihn endgültig die Dunkelheit. In ein paar Minuten wird der Blutdruck in seinen Arterien so niedrig sein, dass sein Herz bei höchster Frequenz leer pumpt. Dies ist das Ende. Für diese Todesursachenhypothese gibt es unwiderlegbare forensisch-pathologische Beweise: das Fehlen von Leichenflecken und die Blutleere der Arterien.

Aufnahmen für einen Dokumentarfilm über den Tod des Mannes aus dem Eis: Mehrere Fachleute aus Naturwissenschaft, Medizin und Kriminalistik rekonstruieren vor laufender Kamera die Geschehnisse vor 5300 Jahren. Mit jeder aufgeworfenen Frage ergeben sich neue, und die Faktenlage ist sehr dünn. Zur vorherrschenden Meinung über den Ablauf der Vorgänge gibt es zahlreiche Ungereimtheiten, die nicht ins Bild passen wollen. Was war das Motiv für die Tat? Fand der Angriff tatsächlich auf dem Tisenjoch statt oder wurde der tote Körper erst später aus dem Tal in die Hochgebirgsregion gebracht? Warum blieb das wertvolle Kupferbeil beim Toten? Wo verblieb der Pfeilschaft? Handelte es sich bei dem Mann doch nicht um einen einfachen Hirten oder Jäger, sondern um einen Würdenträger oder gar um einen Schamanen?

→ Dreharbeiten für Discovery Channel

↓ **Fraktur** der Seiten- und Hinterwand der rechten Augenhöhle

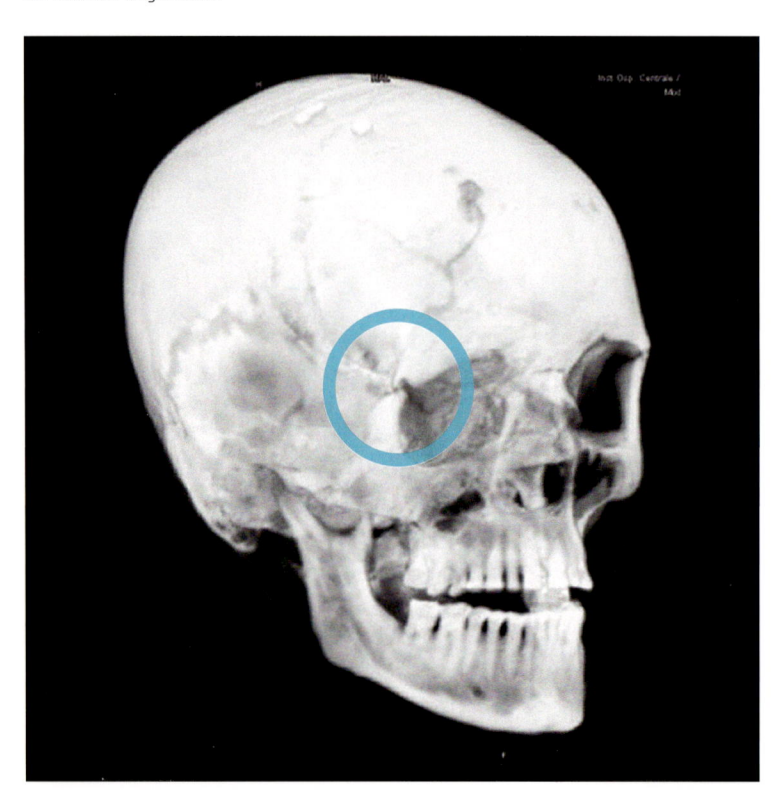

Laut Computertomografie entspricht die Lage der Pfeilspitze nicht genau jener, bei der es zur Verletzung des Blutgefäßes kam. Nur das Entfernen des Pfeilschaftes, ein ruckartiges Ziehen und Drehen am Schaft mit dem Ziel, diesen von der widerhakenartig geformten Spitze abzulösen, kann eine Verschiebung der Pfeilspitze im Körper verursacht haben. Hat der Schütze das Opfer, nachdem es am Felsboden aufgeschlagen und liegen geblieben war, etwa an der rechten Hand gepackt und auf den Bauch gedreht, um den Pfeilschaft zu entfernen? Und kann dabei der linke Arm unter den Rumpf zu liegen gekommen sein in einer Position, welche die Leichenstarre zuerst und das Eis später für Jahrtausende verewigt haben? War der Pfeilschaft ein verräterisches Merkmal für den Schützen, der unerkannt bleiben wollte? Viele dieser Fragen sind und bleiben möglicherweise noch lange oder für immer unbeantwortet.

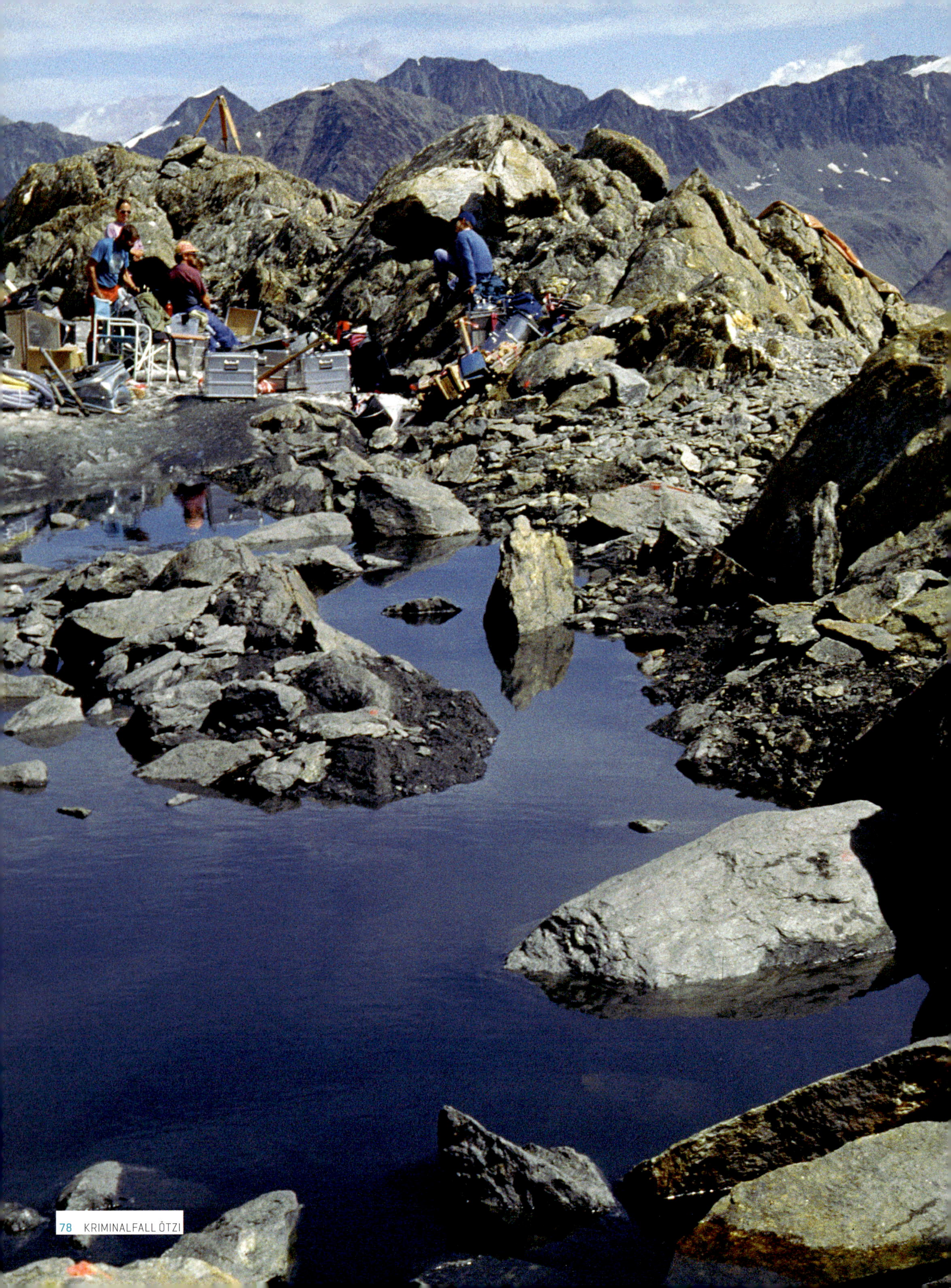

Tisenjoch im Hochsommer 2008: Drei Männer übernachten im Freien an der Fundstelle. Sie versuchen erneut, ihren Gedanken freien Lauf zu lassen und so sich loszulösen von unzählige Male begangenen Wegen und Theorien. Mit forensischer Akribie hat sich die Wissenschaft an die Themen um Ötzi heranzupirschen versucht. Kleinste Spuren, verschleierte Hinweise und oft waghalsige Spekulationen fanden Beachtung, um das Umfeld und die letzten Stunden und Tage unseres Vorfahrens aufzuhellen. Kriminalfälle mit lebenden Akteuren lösen sich oft von selbst, wenn Täter sich verraten oder der Belastung nicht mehr standhalten und die Tat gestehen. In der Dunkelheit der Jahrtausende, die zwischen den Fakten und den Ermittlern liegen, sind die meisten Spuren verloren gegangen, und vermutlich gehen viele Denkansätze von falschen Voraussetzungen aus.

So drängt sich neben die naturwissenschaftlichen Fakten das Metaphysische und Übernatürliche, das Kultische und das Religiöse in den Vordergrund, um sich der Szenarien zu bemächtigen. Ist es ein Zufall, dass die Sonne am Sommersonnwendtag, wenn sie über dem nahen Similaun aufgeht, den „Tatort" mit den ersten Strahlen beleuchtet und dass am Wintersonnwendtag die letzten Strahlen auf diesen fallen, bevor die Sonne hinter der Finailspitze untergeht? Und ist es ganz und gar unglaubwürdig und von der Hand zu weisen, dass einige Meter unter der Felsrinne, aus der der Tote geborgen wurde, in einem kastellartigen Konglomerat von Felsblöcken ein prähistorisches Sommerlager von Ötzi-Zeitgenossen lag?

Die Akte „Ötzi, der Mann aus dem Eis" kann noch lange nicht geschlossen und archiviert werden. Zu viele Fragen sind offen, zu wach das Interesse und die wissenschaftliche Neugier der Archäologen und Anthropologen. Eines scheint jedoch klar zu sein: Es braucht wieder eine spektakuläre Entdeckung, um der Recherche über Ötzis Tod neuen Schwung zu geben.

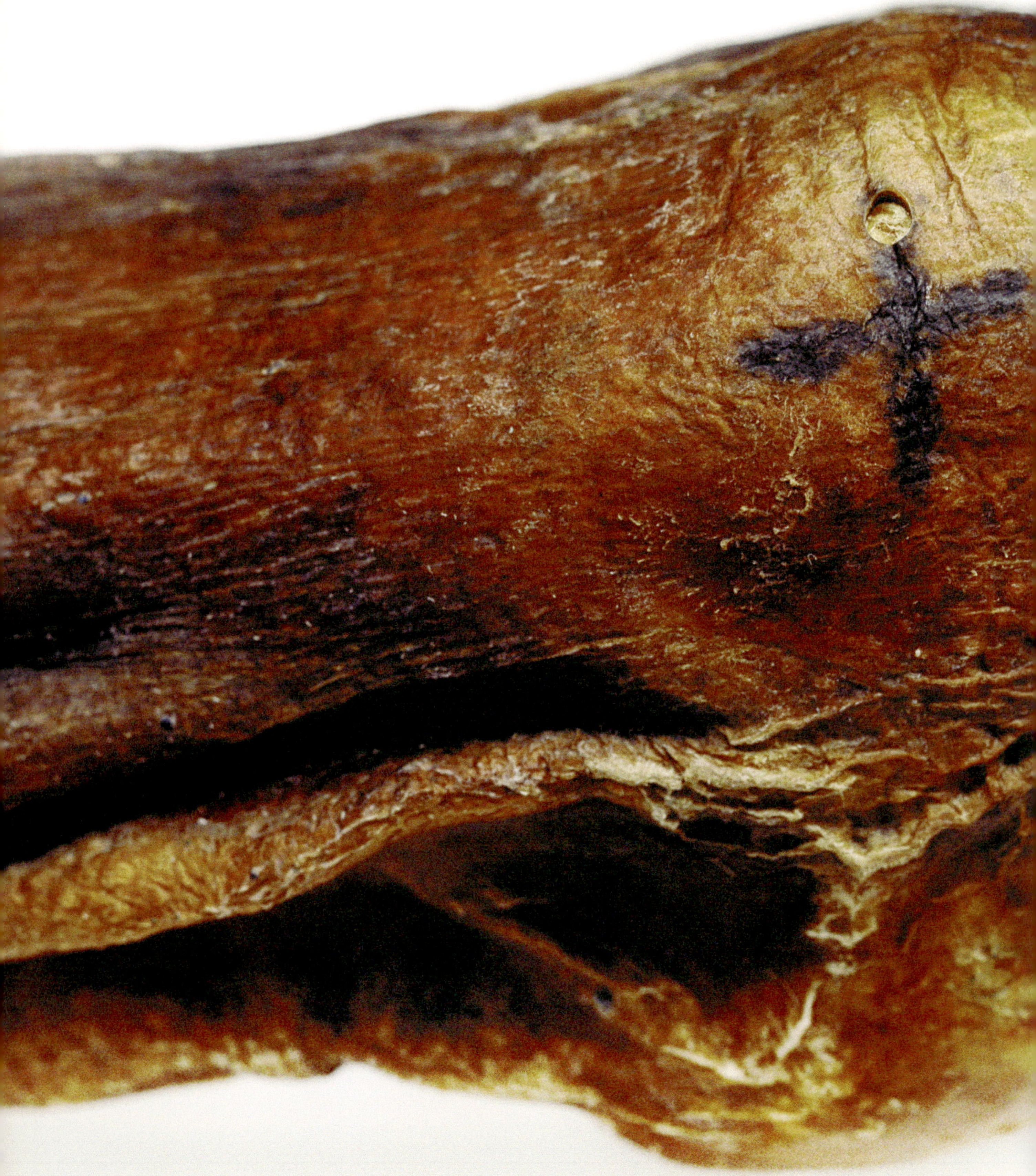

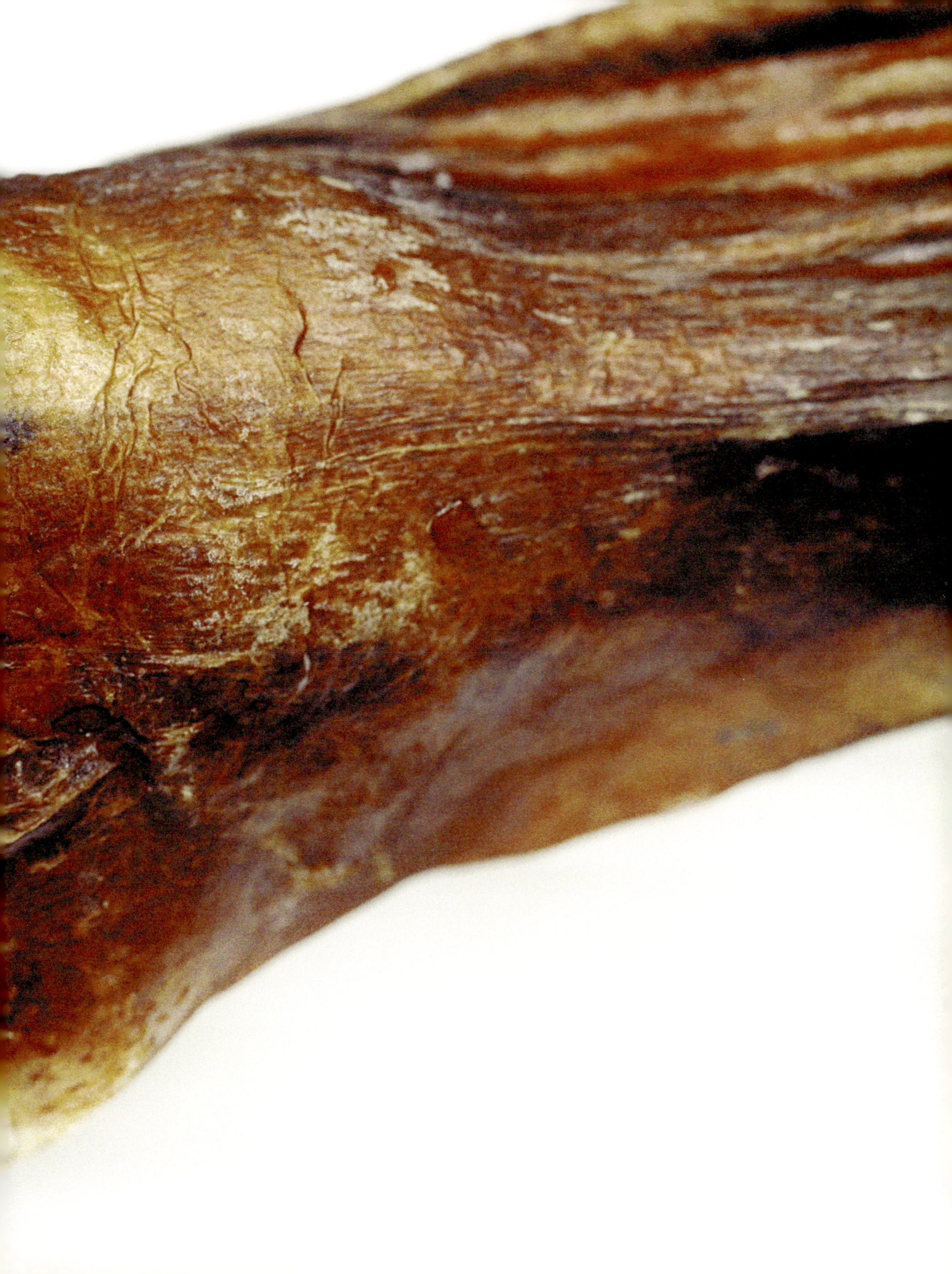

ARBEITEN AN ÖTZI

HANS KARL PETERLINI

Ihre Berufsbilder haben einen gemeinsamen Nenner: Sie schwanken bildhaft zwischen der Fürsorge für Lebende und der Forschung an einem Toten. Von Ötzis Leibarzt bis zu seinem Kühlanlagentechniker, von Diagnostikern, die seine Haut- und Blutpartikel auf Krankheiten untersuchen, bis hin zu Prognostikern, die sorgsam darauf achten, wie lange er sich wohl noch ausstellungsfähig erhalten lassen wird, von Molekularbiologen, die heutigen Krankheiten nachspüren, bis hin zu Gentechnikern, die nach seinen Verwandten suchen, von Kriminalisten, die seinen Fall aufklären wollen, bis hin zu Archäologen, die seinen Hausrat hüten, von kühlen Wissenschaftlern bis hin zu Menschen, die ihm auch einmal länger in die Augen schauen.

Von den vielen Menschen, die an Ötzi arbeiten und forschen, werden drei Wissenschaftler porträtiert, für die seine Befreiung aus dem Eise eine neue Herausforderung darstellte, deren Laufbahn sich wendete, darüber hinaus für sie ein Glücksfall wurde zwischen Wissenschaft und Leidenschaft.

Ein Schatz namens Ötzi

KONRAD **SPINDLER**
(*1939 †2005)
Archäologe
zuletzt Innsbruck

Am Tag, als am Tisenjoch im Ötztaler Hochgebirge die ausapernde Leiche eines Mannes gefunden wurde, dachte niemand daran, Konrad Spindler, den Ordinarius für Ur- und Frühgeschichte sowie Mittelalter- und Neuzeitarchäologie an der Universität Innsbruck zu informieren. Die Leiche galt als Fall für Gendarmerie und Bergwacht, mit Pressluftmeißel und Schaufel wurde versucht, den mit Armen und Beinen festgefrorenen Corpus dem Gletschermatsch zu entreißen, die danebenliegenden Funde kamen in einen Plastikmüllsack. Als Konrad Spindler die ersten Fotos sah, fuhr er hoch: Das war kein Fall für das Gericht, sondern für die Archäologie. Die allererste Vermutung: Mittelalter oder früher, auf jeden Fall seine Zuständigkeit. „Er war ganz aufgeregt", erinnert sich Dorothee Spindler, „und hat gleich Kontakt zur Gerichtsmedizin gesucht, man müsse ihn beiziehen, wenn die Leiche geborgen werde."

So unzweifelhaft es ist, dass Konrad Spindler durch Ötzi weltberühmt wurde, so ist auch der Umkehrschluss nicht völlig abwegig, dass auch Ötzi seinen Ruf ein wenig jenem verrückten Professor verdankt, der ihm bei der ersten Begegnung die Hand auflegte und, in archäologischen Dimensionen nur knapp daneben, sein Alter bestimmte: „mindestens 4000 Jahre". Der Satz, selbst schon ein Mythos geworden, leitete eine Weltsensation ein. Und Konrad Spindler war sich dessen vor allen anderen bewusst: „Wie ich den Mann da gesehen habe, auf der Metallplatte des Seziertisches liegend, da habe ich einfach meine Hand daraufgelegt und nicht wieder runtergenommen. Ich habe in meiner gesamten Zeit als Archäologe nie einen Schatz gefunden, aber der Mann im Eis, das ist mein Schatz", Konrad Spindler, am 2. Juni 2005 in der Reihe „Wissenswert" des Hessischen Rundfunks. Spindler wurde zum obersten Hüter, aber auch zum ersten Vermarkter des Schatzes aus dem Eis.

„Welteinzigartig" – mit diesem von Kollegen beargwöhnten Superlativ brachte er Ötzi in die internationalen Medien. Begnadete Wortgewandtheit, Sinn für breites Publikum, den Riecher dafür, wie man aus einer nur vermeintlich staubigen

↑ **Konrad Spindler** in seinem Arbeitszimmer

↩ **Detailaufnahme** Kniegelenk mit Tätowierung

GOLDSCHÜRFER

Archäologen umweht ein seltsamer Ruf, zwischen grauer Wühlmaus der Wissenschaft und schillerndem Goldschürfer. Wenn Dorothee Spindler früher in ihrem Garten in Itten in Tirol die Erde umgrub, fragte schon mal ein Nachbar über den Zaun, ob sie da für ihren Mann nach etwas suche. Konrad Spindler war zu diesem Zeitpunkt nicht „ein", sondern „der" Archäologe – weltweit und somit unvermeidlich auch in Tirol bekannt als der Mann, der den Schatz namens Ötzi hütete.

Wissenschaft das Gold herauspoliert, hatte Konrad Spindler schon vor Ötzi bewiesen: Er grub nicht nur, er spitzte seine Themen auch so zu, dass sie den Nachbarn neugierig machten. Sein Buch über „Die frühen Kelten" erreichte schon vor Ötzi die zweite Auflage, 1996 schaffte es bei Reclam die dritte. Seinen Ruf als „bulliger Panzer" (Institutskollege Harald Stadler) begründete er mit einem Großaufgebot an Baggern auf einem Hügel bei Villingen. Der „Magdalenenberg" stand seit Vorzeiten im Ruf eines Hexentreffs und Schatzhortes, schon 1890 gab es eine erste Grabung, die sich aber lediglich auf die Hügelmitte beschränkte. Das freigelegte hallstattzeitliche Grab war bereits geplündert worden.

Spindler kam aus Preußen, Ostpreußen: geboren in Leipzig, aufgewachsen im niedersächsischen Burgdorf, Gymnasium in Celle, Studium in München, Promotion in Freiburg, Lehrstuhlassistenz auf der Universität Regensburg, erste Professur in Erlangen-Nürnberg, von dort 1988 nach Innsbruck berufen. Den „Magdalenenberg" in Villingen ließ er schon ein Jahr nach seiner Promotion, zwischen 1971 und 1973, zur Gänze umgraben. Mit Erfolg: Neben 126 Nachbestattungen mit vielen Beifunden wurde auch die aus Holzbohlen gebaute zentrale Grabstätte dokumentiert, das größte eisenzeitliche Fürstengrab Mitteleuropas. Inspirieren ließ er sich in seiner Impetus durchaus auch von der Trivialliteratur. Er hatte bei Ludwig Ganghofer von den Leichen der Hallstattarbeiter gelesen. Diese waren demnach bestens erhalten aus dem Salzberg geborgen worden, aber aufgrund der Zweifel, ob es sich um Christen oder Heiden handelte, hatte man sie nicht wieder begraben, sondern an die Kirchenmauer gelehnt – wo sie bald verwesten. Leidenschaftlich erzählte er seiner Frau, was für ein Traum das wäre, einen Hallstattmenschen auszugraben. „Mit dem Ötzi hat er dann einen noch viel tolleren Fund erhalten."

Spindler wusste seinen Schatz zu nutzen, im Institut – dessen Leitung er ein Jahr nach Ötzis Fund übernahm – setzte er Anschaffung über Anschaffung durch, von neuen Telefonleitungen für die internationalen Kontakte bis zu deutlich mehr

Mitteln für die Forschung, von Englischkursen für alle Mitarbeiter bis zur Intensivierung der Publikationstätigkeit – von 1993 bis 2005 wurden fast 40 Publikationen „rausgehauen", wie Spindler von Kollegen zitiert wird. Er selbst trug sich in die Wissenschaftsliteratur mit 42 Monografien und 182 Aufsätzen ein, der Bestseller „Der Mann aus dem Eis" wurde in elf Sprachen übersetzt. In der Zeit des ersten Ötzi-Booms war er 200 Tage im Jahr auf Reisen, den Aktionsradius des Instituts dehnte er „von Abfaltersbach bis Sydney" (Stadler) aus, er wurde bei der Erforschung der Inka-Mumie „Juanita" ebenso beigezogen wie zu sibirischen Eismumien.

Jahrelang war Ötzi im Hause Spindler „praktisch ein zusätzliches Familienmitglied" (Dorothee Spindler). Die Gletscherleiche beherrschte Arbeitsrhythmus und Familienleben derart, dass Spindler – Vater von sechs Kindern – seinen Neunjährigen beruhigen musste, weil sich dieser vor Onkel Ötzi fürchtete. Dem Workaholic Spindler, der täglich die 60 Kilometer von Itter nach Innsbruck auf der Landstraße fuhr, um 7 Uhr im Institut war, zu Mittag konsequent von Wurstsemmel mit Käse lebte, war mit Ötzi die beste Ausrede passiert, ganz in der Arbeit aufzugehen. Als er den Schatz nach Südtirol abgeben musste, bewahrte er Haltung – „Er hat eingesehen, dass das richtig war", erinnert sich seine Frau. Seinen Einsatz minderte es nicht. „Als Archäologe war ihm ohnehin weniger an der materiellen Verfügbarkeit der Leiche gelegen als an der Erforschung der Beifunde." Durch Ötzi wurde etwa bewiesen, dass es diese Art von Beilen nicht erst vor 4000, sondern auch schon vor 5300 Jahren gegeben hat – Spindlers kleiner Irrtum bei der Ötzi-Datierung hatte einen wissenschaftlichen Hintergrund.

So sehr verschmolzen Schatz und Schatzjäger ineinander, dass eine Ötzi-Rekonstruktion im Magazin „Stern" für Spindlers Frau „eindeutig die Züge meines Mannes trägt, wenn auch ohne Brille und mit Haaren". Und doch bestimmte nicht mehr nur Ötzi, sondern fast mehr noch ein blauweißes Porzellan die letzte Arbeitsphase des Konrad Spindler: Bunzlauer Keramik. Im Krieg war Spindler nach der Bombardierung in einem Flüchtlingslager bei Bunzlau untergekommen, das Essen wurde ihnen in einer Billigvariante des dort hergestellten Keramikgeschirrs gereicht. Als er später „ein paar Scherben ausgrub, war er wie besessen von Bunzlauer Keramik erfüllt" (Dorothee Spindler). Im Institut wurde „Bunzlau" zum Unwort des Jahres, daheim verzweifelte Dorothee Spindler an den Sammelstücken, mit denen ihr Mann die Wohnung bestückte.

Konrad Spindler starb am 17. April 1995 an der seltenen, wenig erforschten Lateralsklerose – umweht von Mythen über Ötzis Fluch, der ihn ereilt habe, „was natürlich Unfug ist" (Dorothee Spindler). Noch im Rollstuhl hielt er einen Monat vor seinem Tod ein letztes Referat auf einer internationalen Tagung, nicht über Ötzi, sondern über die „Himmelsscheibe von Nebra", eine Bronzeplatte mit der weltweit ältesten Himmelsdarstellung von Sonne, Mond und Plejaden, gefunden bei Sachsen-Anhalt, fast in Spindlers Heimat. Werden künftige Archäologen dereinst Konrad Spindlers Grab ausheben, finden sie darin Beifunde, die ihm ein Kollege hineingelegt hat, unter anderem sein Schreibgerät, einen kurzen Bleistift mit „Verlängerer", und eine blauweiße Kaffeetasse.

Da bist du dann oft allein mit ihm.

EDUARD **EGARTER-VIGL**
(*1950)
Pathologe
Bozen

Der Mann ist nicht mehr zu überraschen, es gibt wohl kaum eine Frage, die ihm nicht schon gestellt worden ist, die er nicht aus dem Stegreif beantwortet hätte, mit einer Mischung aus wissenschaftlichem Ernst, Sinn für Nachrichten und einem feinen Humor, den er hinter kreisrunden Brillengläsern und dem straff gebürsteten Schnurrbart zu verstecken weiß. Auch alle denkbaren Titel sind vergeben, vom „Knochenschneider" aus seiner ersten Karriere als Primar der Bozner Pathologie bis zu „Ötzis Leibarzt" aus seiner zweiten Karriere als Verantwortlicher für die Konservierung der weltberühmten Leiche vom Hauslabjoch, vom „Commissario" zum „Alpen-Columbo", als der Eduard Egarter-Vigl an einem weltberühmten Toten seine beiden Leidenschaften vereinen konnte – jene des Pathologen und jene des Gerichtsmediziners für schwierige Fälle.

Am Tag, als die Nachricht vom Fund einer Leiche am Hauslabjoch durch die Medien ging, hörte Eduard Egarter-Vigl kurz auf: „Ich dachte, jetzt werden sie mich wohl wieder rufen, als Gerichtsmediziner wirst du ja bei jedem Knochen gerufen, der irgendwo im Wald gefunden wird." Eine Leiche unbestimmter Herkunft und ungewissen Alters wäre ein logischer Fall für den Gerichtssachverständigen gewesen, als der Egarter-Vigl in Südtirol schon eine kleine Lokalprominenz war. Als sich, angefangen mit Reinhold Messner, die Stimmen mehrten, Ötzi könne „mindestens 500 Jahre", schließlich sogar einige tausend Jahre alt sein, war Egarter-Vigl noch hellhöriger: „‚So ein Fall‘, dachte ich mir, ‚wäre natürlich schon sehr interessant.'" Als dann die Leiche aufgrund einer nur über den Daumen gepeilten Grenzvermessung nach Innsbruck kam, verfolgte Egarter-Vigl noch eine Zeit lang die Aufregung um den entgangenen Patienten, „aber danach verlor sich das Interesse auch wieder etwas".

Eduard Egarter-Vigl hatte im September 1991, gerade 41 geworden, schon eine mehr als zufriedenstellende Position erreicht. Vom Oberarzt am Bozner Krankenhaus war er, 1989, zum Primar des landesweiten Dienstes für Pathologie aufgestiegen, Zenit einer Provinzkarriere, wie sie wenige erreichen. Auch ein wenig außerhalb des Landes war er gewesen: aufgewachsen in Bozen-Gries, Mittelschule und Gymnasium bei den Franziskanern in Bozen, Studium der Medizin in Innsbruck und Padua mit „laurea in medicina" in Padua, Facharztausbildung für Pathologie und Labormedizin in Mailand, Facharzterfahrung und Berufung zum Assistenzarzt in München, dann die Heimkehr als Oberarzt.

Sechs Jahre sind seit dem Sensationsfund vergangen, als der ausgelernte Mediziner, kundige Labordiagnostiker und mit allen Wassern gewaschene Gerichtspathologe im Juni 1997 mit weichen Knien in Innsbruck das Institut für Anatomie betritt, wo er 20 Jahre vorher sein Studium begonnen hatte. Er öffnet die Tür und der wohlvertraute Geruch von Formaldehyd und Karbol, wie er für die Leichenkonservierung typisch ist, schlägt ihm entgegen, seine Professoren von damals stehen versammelt da. „Ich habe mich fast wieder wie vor einer Prüfung gefühlt, mit der Angst, ob ich dieser Aufgabe wohl gewachsen sein werde. Wenn dir da ein Fehler passiert, dachte ich mir …"

Obwohl die Südtiroler Forderung nach Herausgabe des „Schatzes", wie der Innsbrucker Archäologe Konrad Spindler „seinen Ötzi" bezeichnet hatte, in Nord-

← Eduard Egarter-Vigl,
verantwortlich für die Konservierung
der Mumie

tirol politisch durchaus als unfreundlicher Akt empfunden wurde, gestaltete sich die Rückführung der Gletscherleiche unter den Wissenschaftlern als weitgehend freundliche Übergabe. „Ötzi" wurde in seiner Kühlbox herbeigeschafft und aus einer Art Eisverband, in den die Innsbrucker ihn gewickelt hatten, Schicht für Schicht ausgepackt: Die Leiche war in ein Plastiktuch gehüllt worden, darüber kam eine erste Schicht Eis, dann wieder Plastiktuch, darüber wieder Eis – „Er musste mit kleinen Pickeln regelrecht vom Eis befreit werden", erinnert sich Egarter-Vigl durchaus mit kollegialem Respekt: „Erfahrungen, wie man so eine Leiche konserviert, gab es ja nicht, Ötzi ist ein Unikat." Die Innsbrucker hatten im Prinzip jene Bedingungen wieder hergestellt, die Ötzi im Gletschereis 5300 Jahre lang erhalten hatten.

Der Auftrag für Egarter-Vigl war anspruchsvoller: Ötzi sollte in Südtirol nicht nur genauso gut, sondern auch ausstellungsfähig konserviert werden. Mit mehrfachem Eiswickel wie in Innsbruck wäre dies nicht möglich gewesen. Vor der Überführung der Leiche von Innsbruck nach Bozen bedingt sich Egarter-Vigl eine Ausbildungszeit aus, er lässt sich von den Innsbrucker Kollegen in ihre Erfahrungen einweihen, holt sich aus Mainz die neuesten Tricks der Konservierungstechnik, weiß zugleich aber auch: Die Technik für Ötzi ist nicht einfach irgendwo abzuholen oder anzulesen, sondern wird Schritt für Schritt für Ötzi entwickelt werden müssen: „Das ist ein empirischer Prozess, der noch lange nicht abgeschlossen ist."

Der Kühlraum, der für teures Geld für Ötzi eingerichtet wurde, ist für Egarter-Vigl mittlerweile schon überholt, optimal zwar für das Publikum, aber nicht gefahrenfrei für die Leiche. Ideal wäre, weiß die Wissenschaft, ein total abgeschirmtes System, aber ein solches ist nur theoretisch, nicht real vorstellbar. Schon in seinem Eisgrab dürften über längere Zeiträume nicht mehr jene Bedingungen gegolten haben, die Ötzis Erhaltung über Jahrtausende ermöglicht hatten: Die Eisdecke, die einst meterhoch gewesen sein mag, dürfte in manchen Sommern auf Zentimeterdicke

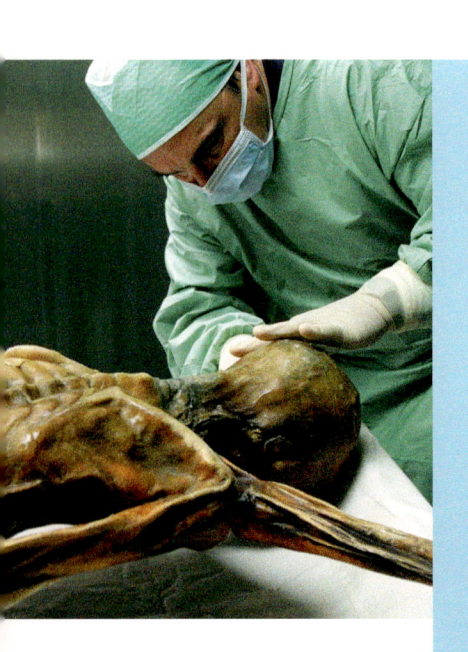

≠TRANSZENDENT

Da ist zum anderen etwas schwer zu Benennendes, was zwischen Wissenschaftler und Forschungsgegenstand entstanden ist, „keine transzendentale Beziehung", wehrt Egarter-Vigl Mystifizierungen ab, wohl aber Fragen des Menschen Egarter-Vigl an den Menschen Ötzi.

geschmolzen sein, möglicherweise ist er vorübergehend teilweise ausgeapert, die Temperatur ist gestiegen, die UV-Strahlung in das Eis eingedrungen. Und zu seinem Schaukasten bringt jeder Besucher, der seine Nase an die Glaswand steckt, ein Quäntchen Wärme mit, das unweigerlich Einfluss auf das Kunstklima drinnen nimmt: „Wir haben festgestellt, dass die Haut an manchen Stellen, die näher bei der Wand liegen, schneller trocknet, obwohl die Kälte eigentlich von der Wand ausgeht." Alle Interferenzen und Schwingungen zu steuern, die zwischen Leiche und Umwelt stattfinden, ist unmöglich. Ein nächster Schritt wird der Einsatz von Stickstoff sein, um den größten Feind der Leichenkonservierung, den Sauerstoff, einzudämmen. „Irgendwann werden wir ihn wieder einseisen müssen", dabei denkt Egarter-Vigl an einen transparenten Eisblock.

Durch Ötzi hat sich Egarter-Vigls öffentlicher Horizont, der auf ein paar Lokaljournalisten der schwarzen Chronik beschränkt war, weit und schillernd geöffnet. Er hatte mit Journalisten aus aller Welt zu tun, „mit hochseriösen Autoren und schillernden Paradiesvögeln", er trat in Filmen für BBC, Discovery Channel, National Geographic und Spiegel-TV auf, führte höchste politische Prominenz durch das Archäologiemuseum („die Namen fallen mir jetzt nicht ein, ach ja, der Weizsäcker und der Ciampi waren da"), wurde zu Tutanchamun nach Ägypten geholt, war zweimal in den Anden, ist ein immer präsenter Name in Forschung und Rummel um Ötzi geworden – „Das war schon ein Sprung". Die meiste Zeit seines Berufslebens aber hatte Egarter-Vigl weder mit spektakulären Mordopfern noch mit Ötzi verbracht, er erwarb sich stille Verdienste um die Labordiagnostik, betreute etwa auch nach Ötzi das Südtiroler Tumorregister. Mit seiner Pensionierung 2009 wurde er wissenschaftlicher Leiter für Didaktik und Forschung an der Claudiana. Zu deren allmählichen Mutation von der Fachhochschule für Gesundheitsberufe zur künftigen medizinischen Fakultät steuert er das Projekt eines Master's für Paläopathologie bei, der Lehre der Erkrankungen an Mumien. Die Einrichtung eines „Ötzi-Instituts" erfuhr er nicht passiv, sondern betrieb er aktiv, indem er Ötzi zwar aus der Hand gab, aber im Auge behielt.

Der Blick des Wissenschaftlers Eduard Egarter-Vigl ist abgeklärt, nur ein leichtes Funkeln verrät, dass dahinter eine Leidenschaft wach geblieben ist. Da sind zum einen die Fragen des Pathologen: Ötzis Schädelinhalt ist noch unerforscht, das Blut, von dem er mehr zu finden hofft als nur Spurenelemente, würde viel über Krankheiten und Immunabwehr erzählen, der Magen ist noch auszunehmen, „da muss noch frisches unverdautes Speisematerial drinnen sein, bisher haben wir unsere Informationen ja nur aus dem Kot im Darm".

Montags ist besucherfreier Tag im Ötzi-Museum, das Forschen an Ötzi beginnt für Egarter-Vigl meist schon in der Nacht davor – „Da bist du dann oft allein mit ihm und hast Gelegenheit über den Mensch nachzudenken, der da liegt und dich anschaut, das ist wie ein Flash in die Vergangenheit. Du weißt, er ist eine Leiche, aber du weißt auch, dass sich dieser Mensch, der vor 5300 Jahren gelebt hat, praktisch durch nichts von Menschen, die heute leben, unterscheidet."

ARBEITEN AN ÖTZI

Als Albert Zink das erste Mal an Ötzi forschte, war es eine nüchterne Begegnung. Das weltweit begehrte Forschungsobjekt lag in Gestalt einer mikroskopisch kleinen Gewebeprobe aus Ötzis Hand auf dem Labortisch des Wissenschaftlers, für die histologische Untersuchung eingefärbt und in hauchdünne Scheiben geschnitten. Zink war damals Assistent für Paläopathologie am pathologischen Institut des Universitätsklinikums München. Dessen Leiter Andreas Nerlich pflegte gute Kontakte zu jenem Mann, der Ötzi fast als Ein-Mann-Betrieb betreute: Eduard Egarter-Vigl. Der Bozner Pathologe hatte das Münchner Institut 2004 um Amtshilfe im Kriminalfall Ötzi gebeten, nachdem ein Schnitt an der Hand der Gletschermumie in den Medien als Indiz für einen letzten Kampf und den Heldentod Ötzis hochgespielt worden war.

Albert Zink begründete damals, wenn auch zunächst nur für die Fachwelt, seinen Ruf als Mythenzerstörer in der Ötzi-Forschung. Das Münchner Institut konnte nachweisen, dass die Schnittwunde zumindest einige Tage vor Ötzis Tod entstanden sein muss, da sich eine leichte Wundheilung feststellen ließ, die nach dem Tod nicht mehr möglich gewesen wäre. Damit fiel die Hypothese eines Todes im Zweikampf. In weiteren Untersuchungen belegte Zink, dass die Blutspuren an Ötzis Beil kaum von einem Menschen, etwa seinem Mörder stammen, sondern vermutlich von einem Tier. Auch habe sich Ötzi nicht schwer verwundet bis an die Stelle seines Fundortes geschleppt, wo er dann an den Verletzungen verstorben sei. Der Mann befand sich vermutlich in einem „entspannten" und körperlich kaum angegriffenen Zustand, als ihn ein hinterrücks abgeschossener Pfeil niederstreckte. Ötzi dürfte auf der Stelle tot gewesen sein, lautet Albert Zinks Befund.

Geboren 1965 in München, war Zink zu der Zeit, als Ötzi gefunden wurde, beinahe noch ein Frischling in der Scientific Community: Biologiestudium in München, Dissertation über die „Kindersterblichkeit im frühen Mittelalter – Morphologische und paläopathologische Ergebnisse an der Skelettserie von Altenerding, Landkreis Erding, Bayern". Das ließe auf eine geerdete Karriere im eigenen Revier schließen, wäre da nicht jene Leidenschaft für Anthropologie und besonders für Mumien gewesen, die den Biologen Zink nach Anschluss an die internationale Mumienforschung streben ließ. Schon für seine Doktorarbeit begab er sich zu Ausgrabungen nach Ägypten, anschließend entwickelte er am Münchner Institut zunächst als Junior, dann als Senior Researcher molekulare Methoden zur Erforschung von Krankheitserregern an paläontologischen Funden, Skeletten und Mumien. Er wurde gewissermaßen zu einem Diagnostiker für Mumien: welche Krankheiten Menschen früher hatten, durch welche Erreger diese ausgelöst worden waren, wie sich diese genetisch verändert haben mögen. „Wenn wir über die DNA der alten Erreger auch Schwachstellen an heutigen Erregern herausfinden können, eröffnet das Perspektiven für die moderne Medizin."

Ötzi redet nicht, aber er stellt unendlich viele Fragen.

ALBERT **ZINK**
[*1965]
Leiter des
„Instituts für Mumienforschung und den Iceman" an der Europäischen Akademie Bozen

← Albert Zink

Die ersten Nachrichten über den Fund der Gletscherleiche weckten zwangsläufig den wissenschaftlichen Instinkt des Forschers: „Da mitzuarbeiten, das wäre super." Sein Chef und wissenschaftlicher Betreuer Andreas Nerlich bot prompt die Mitarbeit des Münchner Instituts an der Ötziforschung an, stieß aber in Innsbruck auf wenig Interesse – zu groß war dort der Ehrgeiz, mit der Jahrtausendleiche selbst zurechtzukommen. Erst als Ötzi nach Bozen überführt wurde, kam Zink dem Objekt seiner Forscherbegierde etwas näher, zunächst nur als Besucher im Archäologiemuseum, wo er Ötzi, wie alle anderen auch, durch die Glasscheibe musterte, bald aber auch als Wissenschaftler. Als er die von Egarter-Vigl übermittelte Gewebeprobe auf dem Labortisch hatte, „... war mir schon bewusst, dass das ein besonderer Fund ist, aber natürlich konnte bei einer solchen Analyse von einer Beziehung zu Ötzi nicht die Rede sein".

Eine „Beziehung" bestritt er auch später, als Zink zum Leiter des neu gegründeten „Instituts für Mumien und den Iceman" an der Europäischen Akademie (EURAC) in Bozen berufen wurde. Die „neue Nummer eins in Sachen Ötzi-Forschung" (ff) legte von Anfang an Wert darauf, dass der Wissenschaft an Ötzi nicht die Fantasie durchgeht. Dazu ist ihm die Gletschermumie wissenschaftlich zu wichtig: Ötzi mag ein Medienstar sein, für Zink gehört er eingebettet in die internationale Mumienforschung. So relativierte er in den Bewerbungsgesprächen kühn die exklusive Bedeutung Ötzis und riet von der ursprünglichen Idee eines reinen Ötzi-Instituts ab zugunsten eines auf Mumienforschung erweiterten Konzeptes. Das eigens eingerichtete Bozner Labor ist auf dem neuesten Stand der Technik, das Institut wird weltweit in medial und wissenschaftlich aufregende Projekte zur Mumienforschung beigezogen, ob es sich nun um Moorleichen, süditalienische Kirchenmumien, Funde in Südamerika oder in Asien handelt. Am Forschungsprojekt, mit dem Tutanchamuns Verwandtschaftsverhältnisse geklärt wurden, war Zink auch führend beteiligt.

Trotz aller Nüchternheit: Der Moment, als er Ötzi erstmals in ganzer Gestalt vor sich liegen hatte, „war schon sehr beeindruckend". Die Erhaltung der Gesichtszüge und der Augen, die fast so etwas wie das Gefühl vermitteln, als würde er einen anblicken, der elastisch erhaltene und – im Unterschied zu einbalsamierten Mumien – natürlich wirkende Körper hat auch den kühlen Wissenschaftler berührt: „Da spürt man einfach, dass da der Leichnam eines Menschen liegt."

Mit Ötzi reden kann auch Zink nicht, wohl aber ist er beseelt von den Fragen, die eine solche Leiche stellt: „Mit jedem wissenschaftlichen Ergebnis tut sich ein neues Universum von Fragen auf, das ist jedes Mal so, als ob tausend Türen aufgehen würden." An Ötzi zu forschen, ist Knochen- und Geduldsarbeit, manchmal muss für ein Detailergebnis ein halbes Jahr gearbeitet werden und manchmal stellt man am Ende einfach nur fest, dass die verfügbare Probe nichts mehr hergibt. Dann gibt es wieder Überraschungen, etwa dass sich in den geringen Spuren von Blut, die bisher ausgewertet werden konnten, noch rote Blutkörperchen intakt erhalten hatten. Das nährt die Hoffnung, doch noch Blut in der ausgetrockneten Leiche zu finden, eine Fundgrube für die Erforschung von Ötzis Krankheiten, von den Belastungen seines Immunsystems und ob er daran schwächelte oder erstarkte.

↓ Eduard Egarter-Vigl und
Albert Zink in der Laborzelle

Einen Himmel voller Fragen riss Ötzis Genom auf. Die vollständige Entschlüsselung von Ötzis DNA, seinem Erbgut, wurde als Durchbruch gefeiert: „Jetzt geht's aufs Ganze" (Pressemitteilung der EURAC). Zink hatte dafür mit den neuesten technischen Möglichkeiten mit dem Humangenetiker Carsten Pusch in Tübingen und dem Bioinformatiker Andreas Keller in Heidelberg zusammengearbeitet. Bis dahin hatte sich die Forschung mit dem mitochondrialen Genom einzelner Zellen begnügen müssen, indem lediglich die Informationen für den Bedarf der einzelnen Zelle gespeichert sind. Daraus war gefolgert worden, dass Ötzis Linie ausgestorben sei, „voreilig", wie Mythenzerstörer Zink relativiert. Wohl gehörte Ötzi demnach genetisch einer äußerst seltenen Unterart der alpenländischen Populationen an, aber noch ist nicht ausgeschlossen, dass auch noch Lebende dieses Erbgut weitertragen. Das mitochondriale Genom wird vor allem über die Mutter vererbt, Ötzi könnte aber auch männliche Nachkommen haben, deren Linie bis in die Gegenwart reichen. Die im Sommer 2010 geglückte Entschlüsselung von Ötzis Kern-DNA schuf erstmals die Möglichkeit, nach Ötzis Verwandten zu suchen. Für Zink täte sich bereits ein Universum auf, wenn Ötzi einer Population angehörte, deren genetische Merkmale es heute noch gibt. Ötzis direkte Erben zu erforschen, wäre womöglich weniger sinnvoll.

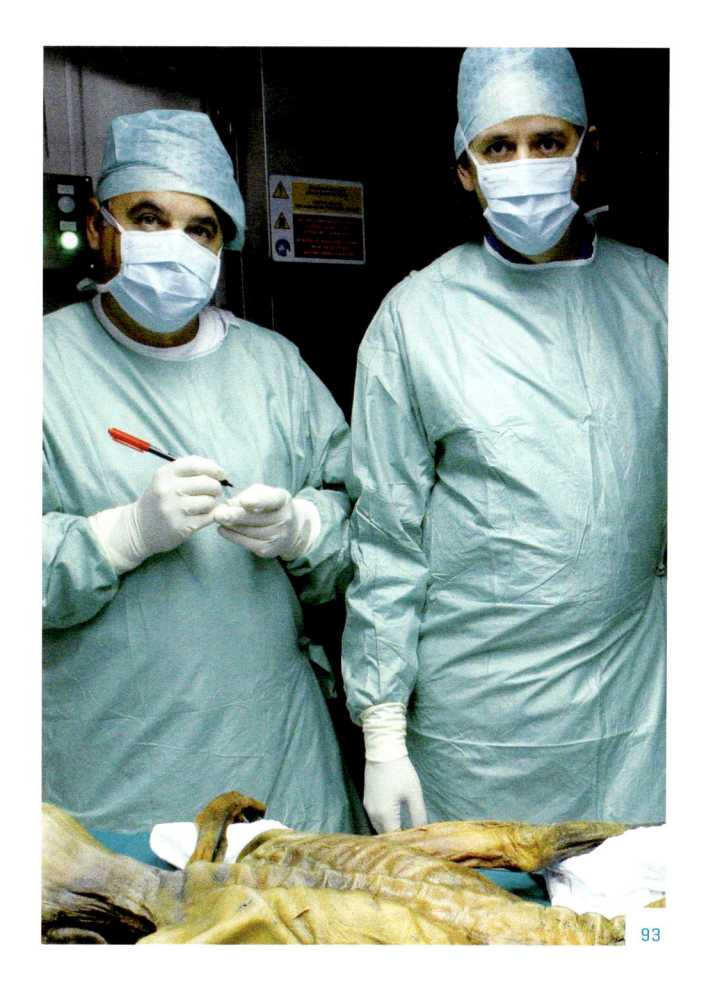

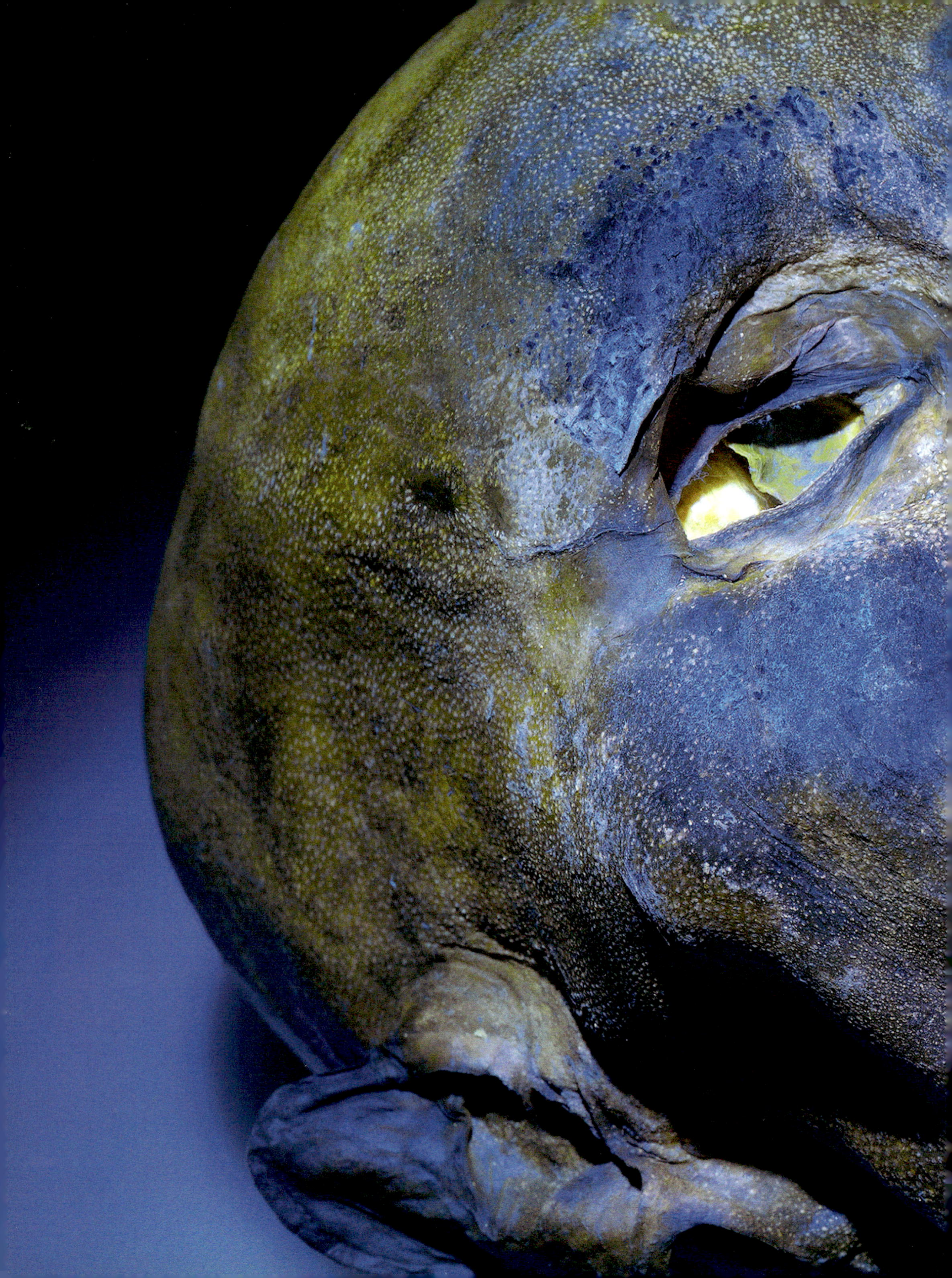

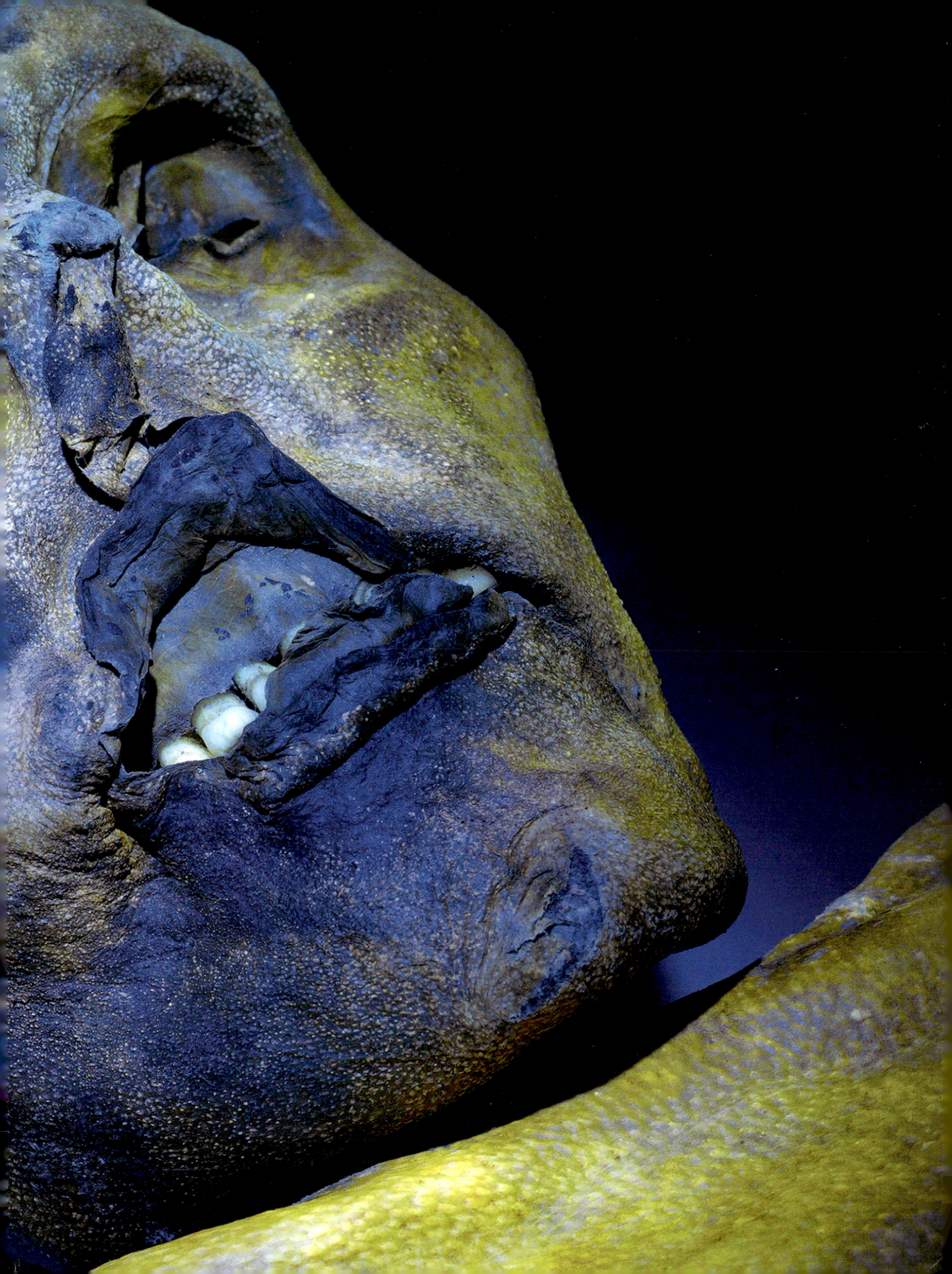

ÖTZI BY **KENNIS & KENNIS**

CEES STRAUS

Paläontologie ist die Wissenschaft, die sich mit der Entstehung und Entwicklung von Lebewesen vergangener Erdzeitalter befasst. Die Entstehung von Leben manifestierte sich zuerst bei Pflanzen und Tieren, in einem späteren Stadium auch beim Menschen – so erstreckt sich das Forschungsfeld auch über verwandte Wissenschaften wie die Biologie und Biochemie, die Geologie und die Archäologie.

Bei den Berührungspunkten dieser vernetzten Wissenschaften finden die Zwillingsbrüder Ad und Alfons Kennis (1966 Veghel) aus dem niederländischen Arnhem ihre Inspiration. Man könnte sie als Paläo-Künstler bezeichnen, eine Richtung der modernen Kunst, die sich insbesondere in den Vereinigten Staaten entwickelt hat. Amerikanische Paläo-Künstler haben eine ganz eigene Welt kreiert, die mit Dinosauriern und anderen Reptilien bevölkert ist und in Filmen wie Jurassic Park dankbar eingesetzt wurde.

Erste Rekonstruktionen und Illustrationen. Die Gebrüder Kennis fanden schon früh ihre Inspiration in der Paläontologie. Sie sind eineiige Zwillinge und teilen nicht nur das gleiche Aussehen, sondern auch dieselben Vorlieben und Lebensansichten. Beide waren auf einer weiterführenden Schule, wenn auch jeder auf einer anderen – Geschichte und Biologie waren ihre große Leidenschaft. Das kam auch in ihren Zeichnungen und Malereien zum Ausdruck, bei denen beinahe immer Abbildungen von prähistorischen Tieren oder Urmenschen auftauchten. In Schlachthöfen fragten sie nach Schädeln, Knochen und Gebeinen, womit sie Rekonstruktionen anfertigten. Nach Ableistung ihres Militärdienstes machten beide an der Universitätsstadt Nimwegen eine Ausbildung zum Lehrer, bei der Alfons eine Prüfung in Kunstgeschichte und zeichnerischer Handfertigkeit ablegte. Da es zu Beginn der 90er-Jahre des vorigen Jahrhunderts so wenig Stellen für Lehrer gab, beschlossen die beiden Brüder, zukünftig ihr Glück in der Kunst zu suchen. Auf diesem beruflichen Weg traf Alfons einige Jahre später eine Künstlerin, die eine Installation für einen öffentlichen Raum entwickeln sollte. Die Brüder fertigten für sie eine Gruppe von Löwen für den Platz inmitten eines Kreisverkehrs. Die Anlage wurde jedoch leider nie fertig gestellt, und damit kam auch das Werk der Brüder nicht zum Tragen. Die Skulptur der Tiere fiel einem Kinderbuchillustrator ins Auge, der in der Arbeit der Brüder eine hoffnungsvolle Zukunft sah. Er machte sie mit einem Verleger bekannt, der den Zwillingen als ersten Auftrag Zeichnungen zu einem Jugendbuch über die Evolution von Vögeln erteilte.

→ Rekonstruktion des **Weichgewebes**
↵ Aufnahme mit **Kontrastfilter**

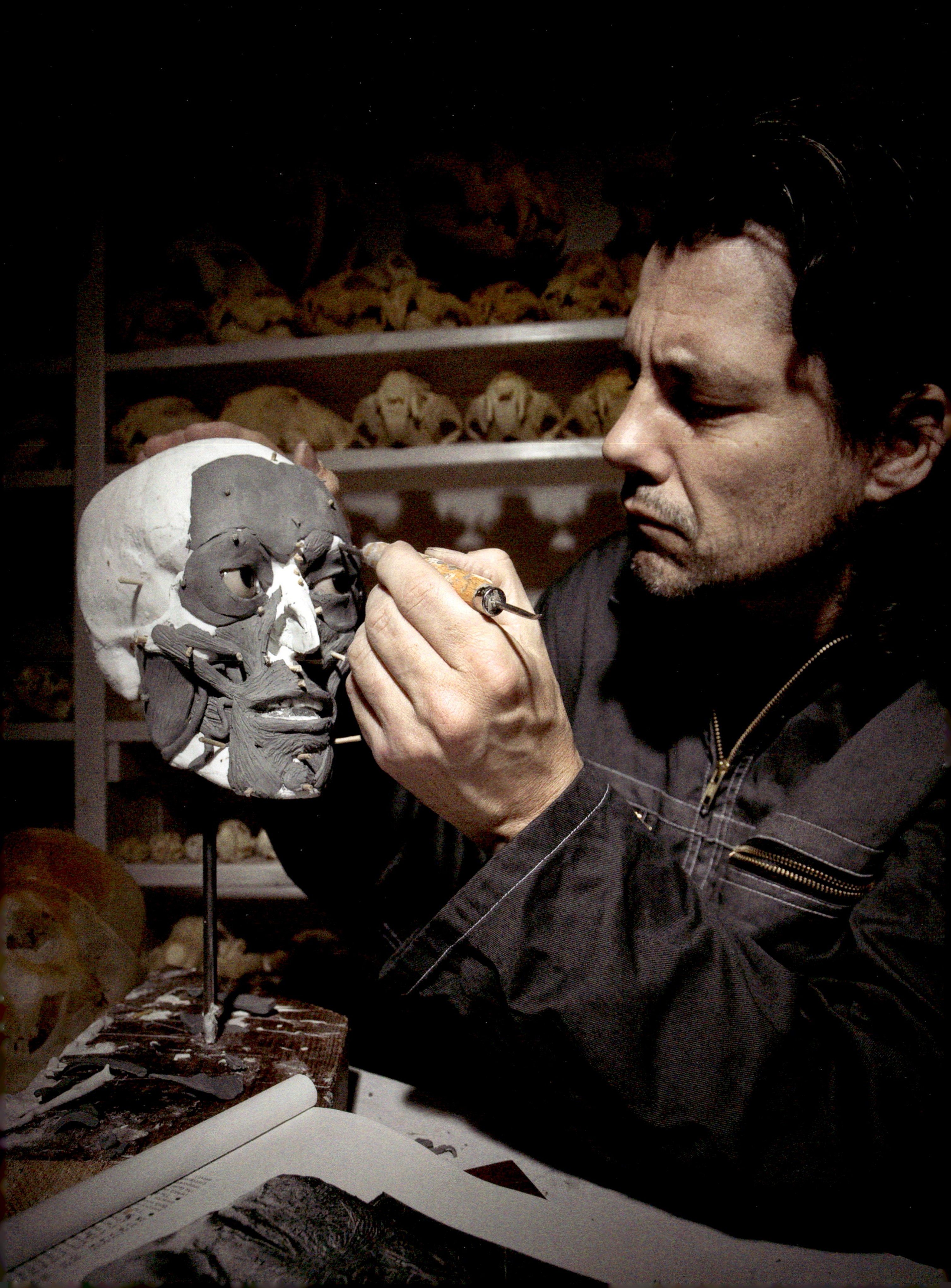

~100 %

Wenn die Brüder etwas abbilden, behaupten sie nicht, dass sie zu 100 Prozent richtig liegen. Sie versuchen, so nahe wie möglich an die Wirklichkeit heranzukommen, aber es bleibt immer eine Grauzone offen. Um trotzdem ein interessantes Bild zu erhalten, wird manchmal ein Mundwinkel hochgezogen, ein Nasenflügel oder ein komplettes Gesicht etwas asymmetrisch verarbeitet.

Nachdem diese Ausgabe im Bildungsumfeld ein großer Erfolg wurde, folgte ein zweites Buch in einer Serie über die Evolution, wiederum mit Kindern als Zielgruppe. Das neue Buch behandelte den Urmenschen, ein Thema, zu dem die Gebrüder Kennis über den frühesten Homo erectus bis hin zum Neandertaler (und inzwischen auch weiter) fundierte Kenntnisse aufgebaut hatten. In dieser Zeit nahmen sie auch Kontakt mit Vereinen von Amateurpaläontologen auf, deren Mitglieder über Schädel von Urmenschen verfügten. Mithilfe von Abgüssen dieser Schädel konnten sie dreidimensionale Modelle aus Ton herstellen.

Für das zweite Kinderbuch gingen sie zur Schädelrekonstruktion gemäß der forensischen Methode über. Es gibt zu diesen Schädeln durch Paläontologen aufgestellte Tabellen, die einen Schatz an Informationen enthalten. Die Brüder verwendeten diese Fakten, um beispielsweise eine korrekte Wiedergabe der Anatomie zu erhalten, bis hin zu solchen Details, wie dick das Hautgewebe des Urmenschen war.

Die Herausgabe des zweiten Buches – die Serie wurde leider nicht fortgesetzt – war für die Brüder der Anlass, ihre Kenntnisse und Einsichten der Paläontologie zu vertiefen. Sie bereisten in einem kurzen Zeitraum die unterschiedlichsten Orte, um dort Schädel und Knochen zu studieren. Zudem kamen sie mit Wissenschaftlern aus Ländern wie Deutschland und Italien in Kontakt. Ein besonderer Moment war der Besuch der Fundstätte Atapuerca in der Nähe des spanischen Burgos. Dort wurde zu Beginn der 90er-Jahre ein großes Grab freigelegt, in dem die Reste von 30 Urmenschen gefunden wurden. Atapuerca enthält die Reste der ältesten bis heute gefundenen Europäer (darunter befinden sich der Homo erectus und der Homo heidelbergensis). Sie lebten bereits vor einer Million bzw. 800 000 Jahren, also noch deutlich vor den Neandertalern. Die Fundstätte zog in den letzten Jahren viele Wissenschaftler an. Einige dieser Wissenschaftler nahmen die künstlerischen Qualitäten der Gebrüder Kennis in Anspruch. So erschien zum ersten Mal ein Artikel in

↞ Herstellung der Schablone

↞ Alfons Kennis mit dem fertigen Kopf

der berühmten Zeitschrift National Geographic Magazine mit ihren Abbildungen, ein Beweis dafür, dass ihre Arbeit auf wissenschaftlichem Niveau ernst genommen wurde. Daneben führte die Produktion der beiden Kinderbücher zu einer Ausstellung über den Urmenschen, die in Stuttgart zu sehen war. Danach wurde sie in geänderter Form von dem Südtiroler Archäologiemuseum in Bozen übernommen, wo die Mumie und die Beifunde von Ötzi, dem Mann aus dem Eis, außer Kindern auch Künstler wie Ad und Alfons Kennis faszinierten.

All diese Kontakte haben dazu beigetragen, dass die Gebrüder Kennis ihre Einstellung zur Paläontologie drastisch infrage stellten. Was sie zunächst als ‚seltsame' Menschen und Tiere ansahen, betrachteten sie fortan als interessante Spezies, die die Erde bevölkerten und die es verdienten, dass die Nachwelt mehr über sie erfahren sollte. Sie sind noch immer von der Anpassungsfähigkeit des Lebens an das Klima und an geografische Beschaffenheiten fasziniert, von den daraus entstehenden Überlebensmöglichkeiten und wie gegenseitige Konkurrenz zur Weiterentwicklung beiträgt. In der Art und Weise, wie Tiere ihre Reviere erobern, sind starke Gemeinsamkeiten mit der Evolution des Menschen zu erkennen. Und wie Tiere sich an ihr Biotop anpassen, passen sich Menschen ebenso ihrer Umgebung an. Gruppen können einerseits aussterben, aber sie werden andererseits auch anderen Gruppen begegnen und müssen sich dann adaptieren. Die Frage, was passiert, wenn Gruppen von Menschen sich begegnen, war für die Gebrüder Kennis von jeher ein spannendes Thema.

Bei der Arbeit mit dem Material, das ihnen die Paläontologie als Basisinformation liefert, steht an erster Stelle das Streben nach Wissenschaftlichkeit. Die Brüder sind sich bewusst, dass sie von der Wissenschaft beurteilt werden und dass ihr Werk aus diesem Grund fundiert sein muss. Aber sie fühlen sich auch als Künstler, die danach streben, die Originalität bildlich auszudrücken. Das zeigt sich in gemalten Szenen, die sie möglichst realitätsnah darstellen. Diese Tatsache verhindert auch, dass sie ein überzogenes Idealbild des Urmenschen kreieren. Dennoch kann ihre Haltung mit der einen oder anderen Auffassung kollidieren. Dies mussten sie erfahren, als amerikanische Zeitschriften sich weigerten, Abbildungen von nackten Menschen abdrucken zu lassen. In einem solchen Fall erscheint der Gestaltungsspielraum für den Künstler ziemlich gering. Und doch suchen sie immer nach einer Darstellung, die das spannendste Bild liefert. Wären sie in einem solchen Moment rein wissenschaftlich tätig, entstünde wohl ein sehr steriles Bild, ohne Individualität, also schließlich ein menschliches Abbild, das eher einer Puppe gleicht.

Auch an einem weiteren Punkt wird die Kollision mit der reinen Wissenschaft deutlich. Die Brüder arbeiten in ihrem Atelier mit losen Knochen und Gebeinen. Die forschende Wissenschaft liefert ihnen alle Informationen, inklusive des Materials. Aber das Material liefert nie ein komplettes Bild. Es bleiben immer Fragen offen bezüglich der Hautfarbe oder der Behaarung z. B. von Bärten und Wimpern. Die Farbe der menschlichen Haut und des Fells eines Tieres sind wichtige Überlegungen bei der Entstehung eines Werkes. Bei solchen auftretenden Fragen halten sie sich meist an die Hautfarbe der Menschen, die heute in dem betreffenden Gebiet leben. Wer wissen will, wie die Haut eines Alpenbewohners vor 5000 Jahren aussah, kann Rat suchen bei der heutigen österreichischen, italienischen oder schweizerischen Bergbevölkerung, sofern diese es gewohnt ist, auf dem Land und hoch in den Bergen zu arbeiten. Die Gefahr, dass sie mit ihren Interpretationen danebenliegen, falls es durch DNA-Untersuchungen weitere Erkenntnisse geben sollte, schätzen sie als gering ein. Klimazonen verschieben sich langsam, d. h. dass sich geografische und wetterbedingte Verhältnisse im Allgemeinen in einer Zeitspanne von einigen tausend Jahren nicht so bedeutend verändern. Das gilt auch für den Gebrauch von natürlichen Materialien für Kleidung und Hausrat. Ötzi zum Beispiel trug einen Grasmantel, zumindest sind davon Reste gefunden worden. Nachforschungen, so haben die Brüder erfahren, haben gezeigt, dass Bauern in den Pyrenäen bis zum Zweiten Weltkrieg Gras für ihre Kleidung verwendeten.

Ötzi entsteht. Ihre Arbeit geschieht nach wie vor individuell und von Hand – ausgeführt in einem Dachzimmer zu Hause oder, wenn es um dreidimensionale Bilder geht, in einer Bauernscheune in der ländlichen Umgebung von Arnhem – ohne computergesteuerte Techniken. Sie malen (mit Acryl) und zeichnen mit derselben Technik, wie sie sie bei der Lehrerausbildung erlernt haben. Auf diese Art und Weise hat sich eine individuelle „Handschrift" entwickelt, die jederzeit erkennbar ist und auch nicht leicht kopiert werden kann. Das Ergebnis ist ein Stil, der nach eigenen Aussagen von dem Stil der vielen ‚glatt' arbeitenden amerikanischen Paläo-Künstlern weit entfernt ist. Sie distanzieren sich auch nur zu gern von dieser Bezeichnung.

Obwohl das Werk der Brüder für Außenstehende aussieht, als ob es von ein und demselben Künstler gemacht wurde, sind sich beide einig, dass es untereinander sehr wohl Unterschiede gibt. Zuallererst werden diese in der Arbeitsweise deutlich: Die Brüder arbeiten jeweils an verschiedenen Malereien und beenden diese ohne Einmischung des anderen. Sie entscheiden sich aber gemeinsam für dieselben Szenen. Ein wesentlicher Unterschied liegt in der Handschrift. Laut Ad kann Alfons sich an akribischen Arbeiten festbeißen, mit der Gefahr einer weniger guten Tiefenwirkung. Dadurch, dass er stark auf Details ausgerichtet ist, beherrscht er dies auch besser, während Ad der Mann fürs Gröbere ist. Auch hinsichtlich der Charakterausarbeitung muss er auf seinen Bruder hören. Im Sommer 2010 haben die Gebrüder Kennis den Auftrag erhalten, eine dreidimensionale Rekonstruktion von Ötzi zu erstellen. Dem ging ein gründliches Studium des vollständigen Faktenmaterials voraus: Ötzi hat der Wissenschaft in den letzten Jahren zu einer wahren Sturmflut neuer Informationen verholfen. So kann sein Alter mit ziemlich großer Sicherheit auf 46 Jahre angegeben werden, und er hatte braune Augen. Auch über seinen Tod weiß man inzwischen mehr. So ist er im Frühsommer auf gewalttätige Art und Weise gestorben. In seiner linken Schulter fand man eine Pfeilspitze. Ötzi ist an dieser Verletzung verblutet. Obwohl die Gebrüder Kennis alle diese Fakten in ihrer Rekonstruktion berücksichtigten, blieben noch genügend Fragen offen. Die Todesursache war nicht von grundlegender Bedeutung für die Rekonstruktion, da die Gebrüder einen lebenden Mann aus Fleisch und Blut darstellten. An erster Stelle stand die Tatsache, dass es sich um einen stehenden Mann handeln musste, der nur teilweise bekleidet war. Bei den Bergbewohnern, so wissen die Gebrüder Kennis

↓ Alfons und Adrie Kennis bei der Anbringung der „Haut"

aus Erfahrung, ist die Hautfarbe meist von der Sonne gebräunt, aber unter ihrer Kleidung sind sie normalerweise hellhäutig. Zudem wies Ötzis Haut auch Spuren harter Lebensumstände auf.

Um sich strikt an Ötzis Körpermaße zu halten, verwendeten die Brüder Kennis die Stereolithografie des Schädels, die ihnen vom Archäologiemuseum in Bozen zur Verfügung gestellt wurde. Der Oberkörper wurde mithilfe von CT-Scans per Computer rekonstruiert. Auf den abgegossenen Schädel wurden gemäß der „Manchester Methode" Klammern angebracht, die maßgeblich waren, wie dick das Weichgewebe werden muss. Nachdem die Knochen auch mit Muskeln umgeben waren, wurde eine Schicht Haut angebracht. Anschließend wandelten sie das Ganze zu einer Schablone um, die mithilfe eines Silikongummis, das als Untergrund für das Haarimplantat diente, abgegossen wurde. Die Gummiform wurde außerdem verstärkt, indem man Harz hineingoss. Zur Bearbeitung der Haut haben die Gebrüder Kennis eine eigene Methode entwickelt, wobei sie die Gummischicht von innen aus mit einem Stempel bearbeiteten. Da Silikongummi in flüssiger Form transparent ist, musste der Stempel, um eine echte Hautfarbe zu bekommen, mit Farbpigmenten versehen werden. Anders als man von einem Künstler, in diesem Fall von einem Bildhauer erwarten sollte, arbeiteten die Gebrüder Kennis bei der Anfertigung des eigentlichen Körpers, dem Torso, nicht von außen nach innen. Sie hackten oder polierten auch keine Form weg, sondern gingen von einem Skelett aus, von Knochen also, das mit dem Aufbau von Muskeln und Haut seinen definitiven Ausdruck erhielt. Um die Rekonstruktion – vor allem sein Gesicht – lebendiger wirken zu lassen, hatten die Gebrüder Kennis berücksichtigt, dass Ötzi sich vor seinem Tod in Lebensgefahr befand.

Heute ist die Rekonstruktion im Südtiroler Archäologiemuseum zu sehen und prägt auf eindrückliche Weise unser „Bild" von Ötzi.

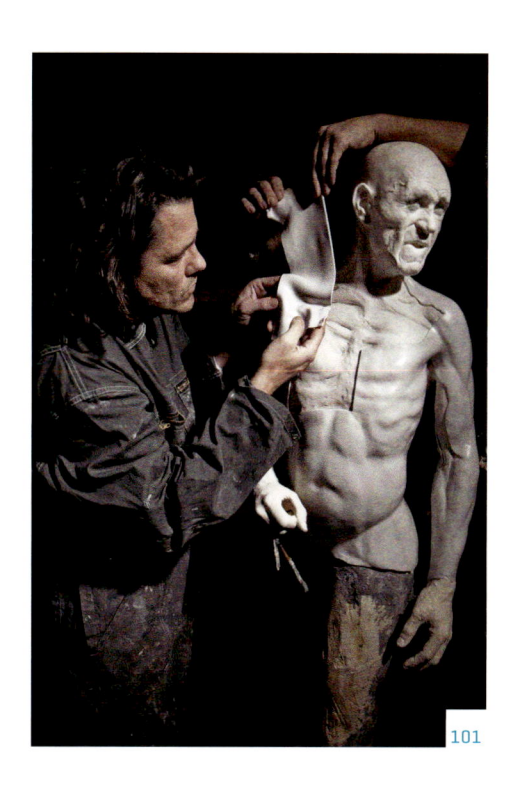

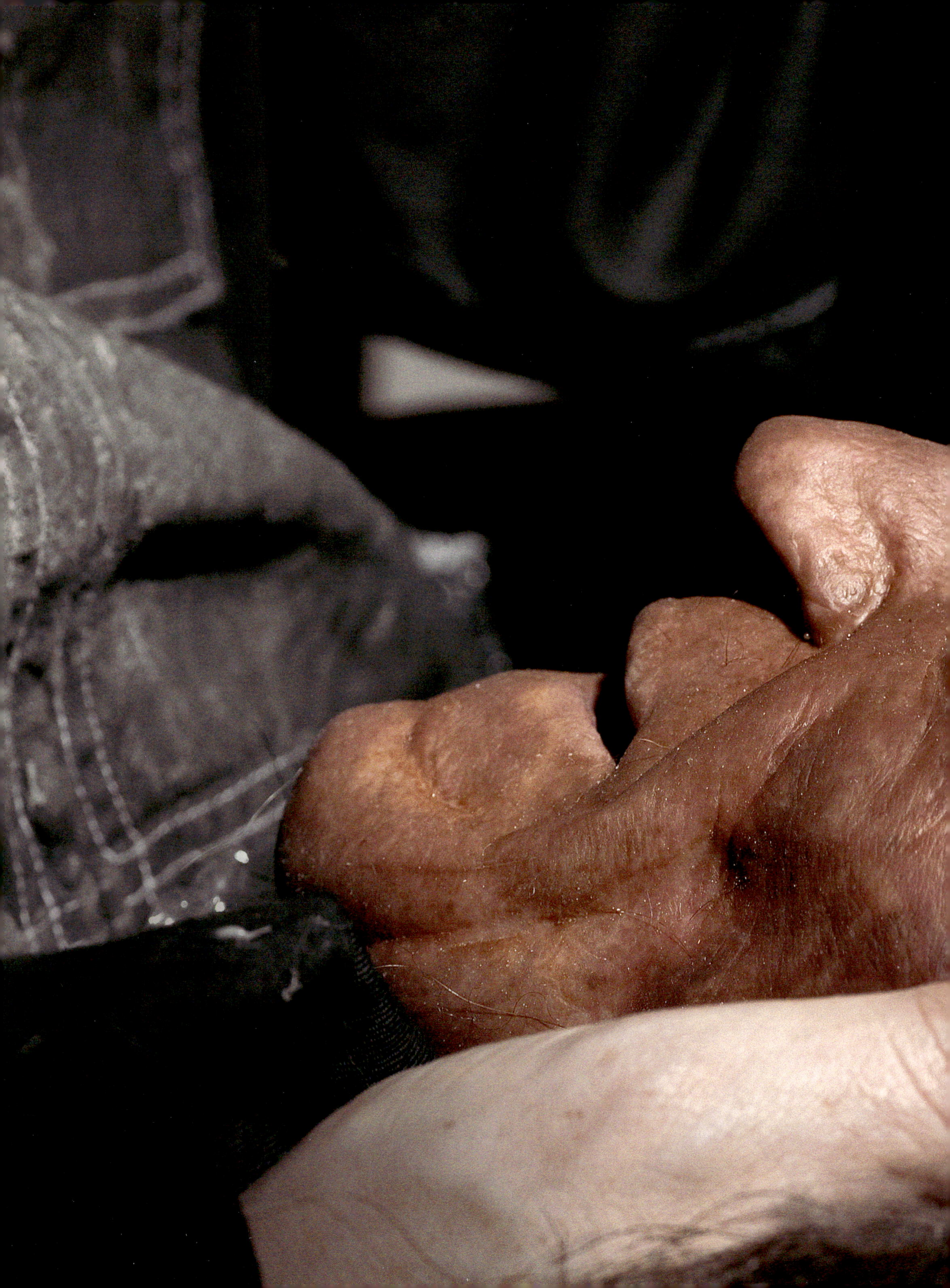

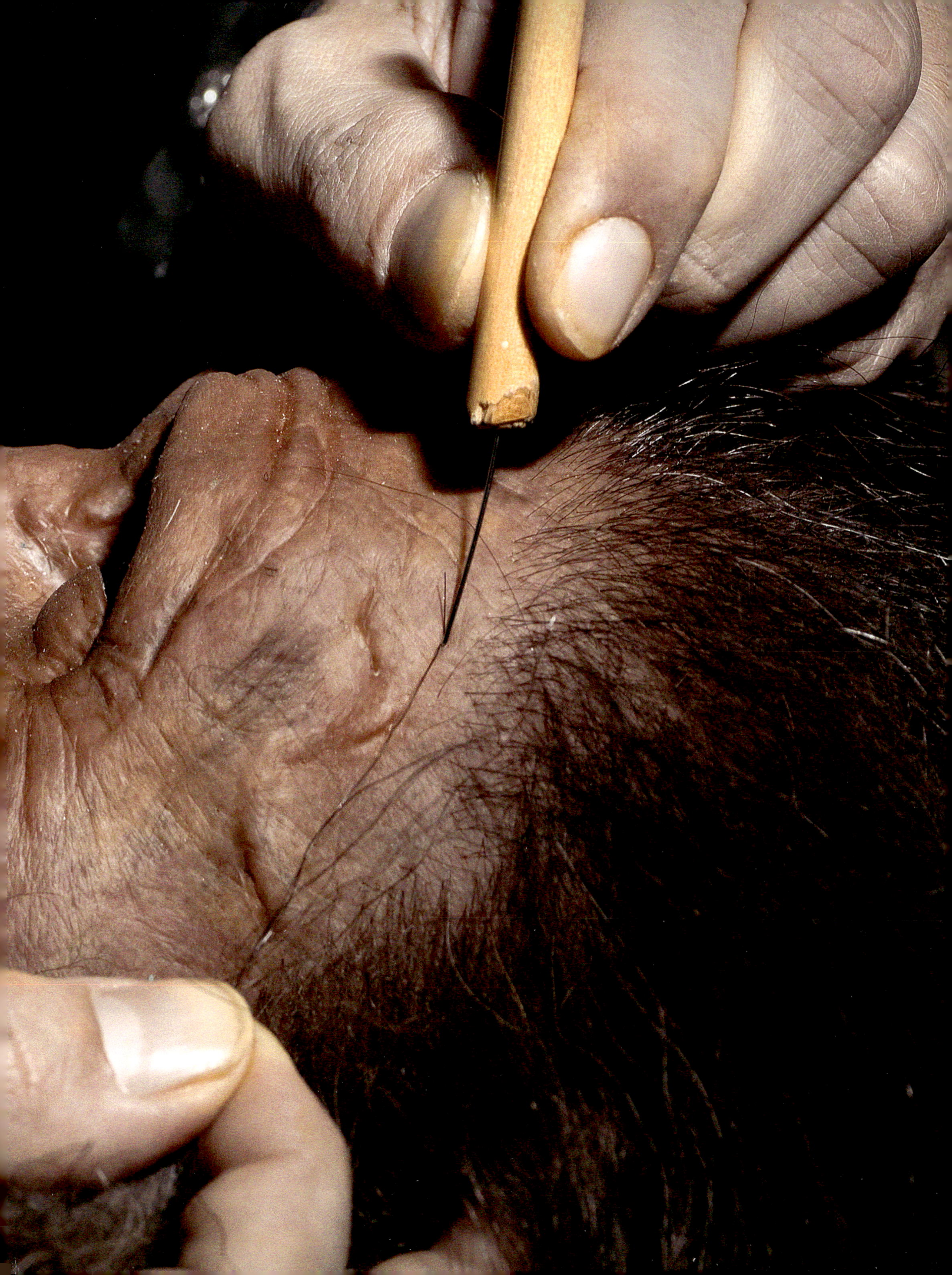

ÖTZIS **FLUCH**

KARL C. BERGER

Ein Toter. Am Abend des 15. Oktober 2004 wurde die Bergrettung von Hofgastein informiert, dass ein aus Nürnberg stammender Bergsteiger vermisst werde. Einige Tage später fand man die Leiche des Verunglückten in einem Bach am Gamskarkogel im Salzburger Gasteinertal. Der Alpinist rutschte, so wurde rekonstruiert, an einer ungesicherten Stelle eines Jägersteigs aus und stürzte während eines Wetterumschwungs etwa 100 Meter in die Tiefe – ein Alpinunfall, der in ähnlicher Weise immer wieder passiert und normalerweise von der Öffentlichkeit nicht oder nur am Rande wahrgenommen wird. Doch diesmal war es anders, der Verunglückte war nämlich nicht irgendeine Person. Es handelte sich um Helmut Simon – jenen Mann also, der gemeinsam mit seiner Frau am 19. September 1991 meldete, dass am Hauslabjoch jene mumifizierte Leiche liegen würde. Helmut Simon und seine Frau Erika dachten wohl nicht einmal im Traum, welche Wogen ihre Meldung und welche Faszination Ötzi, wie die Mumie später medial getauft wurde, auslösen würde. Und am wenigsten vermuteten sie, dass ihre Nachricht über den Leichenfund mit dem 13 Jahre späteren Unglücksfall in Zusammenhang gebracht werden würde. Doch für manche Eingeweihte schien klar, Ötzi habe schon wieder zugeschlagen. Schließlich war Simon nicht der erste Todesfall, der ihm angelastet wurde: 1992 verunglückte der Gerichtsmediziner Rainer Henn auf der Fahrt zu einem Vortrag über die Gletscherleiche in Kärnten. 1993 starb Kurt Fritz, der Reinhold Messner auf seiner Tour zur Fundstelle begleitet hatte. Rainer Hölzl, der die Bergung des Eismannes filmte, folgte 2004, ebenso wie der Bergretter Dieter Warnecke und eben Helmut Simon. Ein Jahr später traf es Friedrich Tiefenbrunner, einen Mikrobiologen und Mitglied jenes Forschungsteams, das Ötzi untersuchte, sowie die Archäologen Konrad Spindler, der die ersten Grundlagenwerke über die Gletschermumie veröffentlichte, und Tom Loy, der ebenfalls an einem Werk über den Eismann schrieb. Acht Menschen habe die Mumie bisher auf dem Gewissen, nicht mitgerechnet mögliche Taten zu seinen Lebzeiten.

→ Dunkle Wolken über der **Fundstelle**

↵ Einnähen der **Haare**

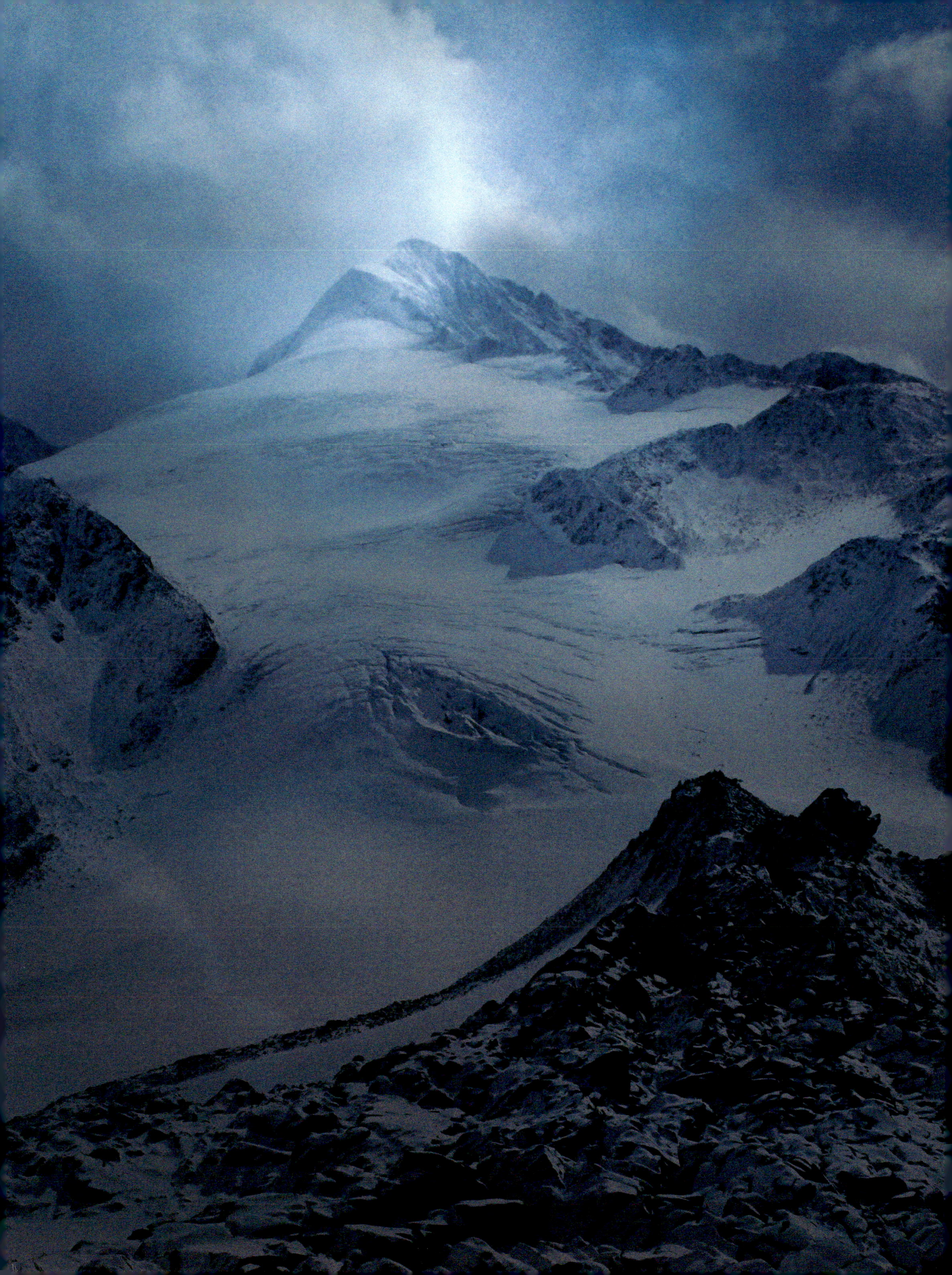

Medial ist diese schaurige Liste freilich ein Glücksfall, kann doch plakativ vom „Fluch des Ötzi" berichtet werden. In der Tat jagt die immer wieder angeführte Liste manchem Leser einen kalten Schauder über den Rücken, der auch dadurch nicht immer relativiert wird, dass es sich schließlich um einen Zeitraum von mehreren Jahren handelt, um höchst unterschiedliche Todesursachen oder dass andere Personen, die ebenfalls intensiv mit dem Mann vom Hauslabjoch in Berührung kamen, sich nach wie vor eines gesunden Daseins erfreuen. Es scheint sogar, dass die Entlarvung des Fluchs als eine konstruierte Kette von Ereignissen dem Mythos nicht viel anhaben kann, ihn mitunter sogar bekräftigt.

Zerronnener Grenzbereich. Volkskundlich betrachtet ist ein solcher Fluch nicht bloß medialer Humbug, er gibt vielmehr überraschende Einblicke in kulturelle Schlupfwinkel, in denen Relikte vormoderner Deutungsmuster präsent werden. Reichhaltiges Reservoire solcher Erklärungsmechanismen sind jene vormodernen Erzählungen, die heute als Sagen bezeichnet werden und in zahlreichen Sammlungen und Zusammenstellungen seit dem 19. Jahrhundert immer wieder publiziert worden sind. Sagen und sagenhafte Geschichten entstehen in einem Umfeld, welches zwischen der Wahrnehmung tatsächlicher Erscheinungen und einer durch Wissbegierde getriebenen Deutung unverstandener Ereignisse liegt. Der historische Wahrheitsgehalt ist dabei zweitrangig, denn solche Berichte werden als Wirklichkeit, als etwas tatsächlich Passiertes vermittelt. Gerade weil sie durch den Einbruch des Irrationalen oder gar Übernatürlichen gekennzeichnet sind, füllen sie jene Bereiche aus, in denen bekannte und rationale Erklärungen unzureichend erscheinen. Sie versuchen etwas zu erklären, das nicht zu erklären ist, und konstruieren solchermaßen scheinbare Zusammenhänge. Dadurch befriedigen sie zwar menschliche Neugierde, fördern diese aber gleichzeitig. Wegbereiter eines solchen, numinos genannten Umfelds waren schon die Fundumstände: Als offizielles Funddatum gilt der 19. September 1991 – ein bei genauer Betrachtung kurioses Datum, offenbart es sich, in Zahlen geschrieben, als ein Palindrom: 19 9 1991 rückwärts gelesen, ergibt die gleiche Zahlenfolge. Palindrome faszinieren durch ihre Lesbarkeit, denn ihr Inhalt ergibt zumeist wenig Sinn. Gerade durch diesen unergründlichen Charakter waren sie in der Vormoderne bei Zauber und Segen ebenso beliebt wie verbreitet. Bekanntestes Beispiel ist sicherlich die lateinische Formel Sator-Arepo-tenet-Opera-Rotas. Als kurios ist auch das zufällige Treffen zweier ebenso bekannter wie medial beachteter Tiroler Persönlichkeiten wenige Tage nach der Fundmeldung am Hauslabjoch zu bewerten. Der Südtiroler Reinhold Messner und der Nordtiroler Hans Haid vereinbarten Monate zuvor ein Treffen am Scheidepunkt zwischen Schnals- und Ötztal, um über Tiroler Identitäten zu diskutieren. Lediglich zwei Tage, nachdem der Eismann dem jahrtausendelangen Vergessen entrissen wurde, konnten die beiden Originale so die noch festgefrorene Mumie begutachten. Selbst die genaue Fundstelle umgibt etwas Eigenartiges. Die namenlose Felsrinne lag so nahe an der Grenze, dass erst überprüft und nachgemessen werden musste, ob sie sich in Nord- oder Südtirol und damit auf österreichischem oder italienischem

Staatsgebiet befand – ein Paradoxon, welches auch durch Karikaturen mehrmals thematisiert wurde. Es zeigt sich also, dass die Geschichte der Gletschermumie von mehreren Zonen durchsetzt wird, die im zerronnenen Grenzbereich zwischen fundierter Erkenntnis, Zufall, Interpretation und Nicht-Wissen liegen. So erscheint auch jene Epoche, in welche die gespensterhafte Mumie den staunenden Betrachter zu locken versucht, zwar plötzlich nahe und unmittelbar; doch gerade diese Zeit wirft zahlreiche Fragen auf, die man bisher nur ansatzweise beantworten konnte. Nicht zuletzt deshalb wird den archäologischen Fundstücken eine geheimnisvolle Aura zugestanden, und es scheint, als ob sie ihre Geheimnisse nur widerwillig preisgeben würden. Selbst manche Forscher blieben von dieser faszinierenden Spannung nicht unberührt und lieferten ihrerseits Nahrung für diese numinose Glut. Wagemutig wurde gerade in der Frühphase der wissenschaftlichen Analyse über Ötzis Todesursache geargwöhnt, laut über seinen gesellschaftlichen Status nachgedacht oder darüber spekuliert, was den jungneolithischen Mann in diese Höhen getrieben habe. Ötzi wurde als gestürzter Häuptling gedacht, als Jäger oder Dorfältester gesehen oder könnte gar Schamane gewesen sein. Diese Erklärungsversuche beruhten auf wissenschaftlichem Erfahrungswissen und wollten – gierig aufgesaugt von einem unstillbaren medialen Wissensdrang – ihrerseits Antworten auf ungeklärte Fragen anbieten.

Aufgedeckte Verborgenheiten. Die nicht zuletzt auch durch das enorme Medieninteresse zu einer unerklärlichen Folge konstruierter Todesfälle suchte nach einer Entsprechung und fand – oberflächlich betrachtet schienen sich Parallelen aufzudrängen – als Vorbild den „Fluch des Pharao". 1922 entdeckte der englische Archäologe Howard Carter im ägyptischen Tal der Könige das Grab des Tutanchamun. Als ein Jahr später der Finanzier des Projektes an einem harmlos erscheinenden Moskitostich starb, begann das Raunen um einen durch die Entdeckung frei gewordenen Fluch, der bis in die Gegenwart andauert. Im Gegensatz zum ägyptischen König wurde Ötzi wohl nicht rituell begraben, sondern starb an jener Stelle, an der er etwa 5300 Jahre später gefunden wurde. Doch wird die frevelhafte Störung der Totenruhe und das Herausreißen des Körpers aus dem eisigen Grab als Hauptgrund für seinen unterstellten Rachefeldzug erklärt. Die vormoderne Erzähltradition kennt eine Vielzahl von Beispielen, in der ein begangener Frevel sofortige Sühne verlangt. In Ötzis Fall ist es nicht eine göttliche Macht, es ist die Mumie selbst, welche diese Normverstöße straft. Ötzi, dem solchermaßen ein Weiterleben nach dessen körperlichem Tod zuerkannt wird, ist zum rachesüchtigen Nachzehrer geworden. Die archaische Vorstellung von Wiedergängern und Nachzehrern wird in den Sagen christlich gedeutet, wenngleich die Vorstellung von nicht im Fegfeuer büßenden Seelen ein Relikt nicht-christlicher Gedankenwelt ist. Vielleicht gerade deshalb galten Nachzehrer als besonders gefährlich, und man versuchte sich vor ihnen zu schützen. Erzählungen von einem lebenden Leichnam zeigt einerseits, wie sehr Angst und Unsicherheit die vormodernen Deutungsmuster mitbestimmten. Andererseits zeugen sie von einer schaurigen Faszination magischer Berichte.

In gegenwärtigen, säkularisierten Gesellschaften ist ein solches Gedankenbild zwar ins Abseits gedrängt, die „Angstlust" sowie der Glaube an die Möglichkeit übernatürlicher Phänomene aber keineswegs getilgt worden. Ereignisse, die einst magisch gedeutet wurden, können in der Gegenwart auch eine scheinbar rationalere Erklärung erhalten. Beim Fluch des Pharaos galten beispielsweise durch die Graböffnung frei gewordene Pilze und Bakterien als mögliche Todesursache – eine Idee, die auch bei Internetforen, die über Ötzis Fluch diskutieren, immer wieder auftaucht. Der User MysticMan erklärte beispielsweise bereits im Jahr 2005: „also das mit den bakterien könnte ich mir auch gut vorstellen … als man tutench-amun (ist bestimmt falsch geschrieben) gefunden hat, starben ja auch die forscher, welche der leiche nahe kamen … also das mit dem autounfall könnte ja auch mit den bakterien, viren oder wie auch immer zu tun haben … wenn der mann plötzlich einen schwächeanfall bekam oder so etwas in die richtung …!?!"

Doch auch solche, zwar an Technik und Wissenschaft orientierten, aber abseits wissenschaftlicher Untersuchung stehenden Argumentationen halten einer genaueren Überprüfung nicht stand. Sie basteln an jenem mysteriösen Umfeld mit, welches bis zur Verschwörungstheorie ausgebaut werden kann. Akribisch listete beispielsweise die 1993 publizierte „Ötztal-Fälschung" Zufallsketten oder Merkwürdigkeiten auf und löste dadurch ein skandalbehaftetes Kopfschütteln aus, um die „universitäre Legende vom ‚Mann im Eis'" zu entlarven. Mit einer zwar polemisch überspitzten, aber doch an Sachlichkeit orientierten Sprache, versucht das Buch, ein Komplott zu entlarven. Die Mumie sei zwar echt – an der Dominanz der naturwissenschaftlichen Erkenntnisse wird nicht gezweifelt – doch stamme sie aus Ägypten und sei mit Absicht zum Alpenhauptkamm gebracht worden. Obwohl ein intensiver „Indizienprozess" geführt wurde, konnten die Autoren den Urheber dieser Fälschung nicht ermitteln, wohl aber deren Nutznießer – quasi ein Rundumschlag an alle bis zum Zeitpunkt der Veröffentlichung und Erforschung beteiligten Personen. Sie kommen zum Schluss, dass „ein völlig enthaarter, kastrierter Steinzeitmensch mit einem völlig intakten Fellschuh auf die alpine Wanderschaft geht, eher er föhngetrocknet eingeschneit wird – das ist und bleibt ein archäologischer Witz ohne Beispiel". Der Nachhall des Buches ist im Internet bis heute nicht verstummt, wenngleich sich die meisten kühnen Thesen bei genauerer Betrachtung als Luftgespinst entpuppen. Hans Haid, der sich nach eigenen Angaben am weitesten vorgewagt habe, zweifelt ebenfalls an der natürlichen Mumifizierung und auch er glaubt, dass der Körper bereits im mumifizierten Zustand abgelegt worden sei. Seiner These nach wäre es jedoch eine rituelle Bestattung gewesen: Haid bringt Ötzi in die Nähe eines matriarchalischen Kults, der in grauer Vorzeit das Gebiet um die Ötztaler Alpen geprägt habe und sich in den Sagen über Salige Fräulein erhalten hätte. Diese Saligen oder Anhängerinnen einer Muttergöttin Dana hätten die mumifizierte Leiche absichtlich auf das Tisenjoch gebracht. Mit Verweis auf die Matriarchatsforscherin Heide Göttner-Abendroth erklärt er, dass der Name des Übergangs von den „drei Schicksalsschwestern im südgermanischen Glauben" „Idisen" oder „Diessen" stamme, die Mumie also am Platz der Schwestern ein Sakralbegräbnis bekommen habe.

Ötzis Fluch. Haids Thesen mögen von einem Ötztaler Lokalpatriotismus geprägt sein und bei manchen ein Kopfschütteln hervorrufen. Doch sind sie es gerade deshalb wert, hervorgehoben zu werden. Denn in ihnen fokussieren sich wesentliche Elemente des numinos magischen Umfelds und seiner daraus resultierenden, historisch bedingten Interpretation. Geht man davon aus, dass sich in Sagen und sagenhafte Erzählungen immer Ängste, Moralvorstellungen, aber auch Wünsche einer jeweiligen Gesellschaft wiederfinden lassen, so zeigt es sich, dass selbst in modernen und technisierten Gesellschaften Sehnsüchte nach dem Nichterklärbaren, Irrationalen oder Übersinnlichen präsent bleiben. Dadurch, dass die europäische Moderne insbesondere durch Aufklärung und Technisierung bestimmt ist, mögen sie latent unter der Oberfläche schwimmen, werden aber in der Anonymität des Internets mitunter auch deutlich artikuliert. Es zeigt sich außerdem, dass in europäischen Abklängen ostasiatischer Kultursegmente neue Anhaltspunkte gefunden werden – wird in diesem Kontext doch ein magisches Weltbild eher akzeptiert. Mittlerweile bringen Forscher die Tätowierungen des Eismanns mit Akupunkturpunkten traditioneller chinesischer Medizin zusammen, mit der Konsequenz, dass die Geschichte der Akupunktur auf einmal mehr als 2000 Jahre älter sei, als bisher angenommen. Bereits 1994 wurde bekannt gegeben, dass Ötzi als Renate Spieckermann wiedergeboren worden sei. Das Buch über eine Reinkarnation im Diesseits reiht sich harmonisch in die Reihe scheinbarer Aufdeckungsschriften und moderner Sagenberichte ein. Mit Verweis auf wissenschaftliche Erkenntnisse, versucht sich die 304 Seiten umfassende Bettlektüre, Beweise für die Wirklichkeit des Berichts zu liefern.

Den meisten der hier skizzierten Überlegungen ist gemein, dass Ötzi zwar deren Ausgangspunkt ist, sein eigentliches Wesen und seine Menschlichkeit aber hintangestellt werden, er wird zum Objekt. Diese Versachlichung wurde schon durch den juristischen Jargon der Innsbrucker Staatsanwaltschaft begonnen, die anfangs wegen der „Leichensache am Hauslabjoch" ermittelte. Durch die nachhaltige Taufe als „Ötzi" schlug das Pendel in eine völlig andere Richtung aus. Der einst wohl stattliche Jäger wurde dadurch harmlos, liebenswert, ja gar reizend. Solchermaßen erscheint er in Karikaturen oder Comics, taucht so auch beim Telfer Schleicherlaufen auf. Auch die Bezeichnung als Frozen Fritz, dem englische Pendant des Kosenamens, entpuppt sich als Kulminationspunkt stereotyper Vorstellungen. Deutlich wird diese seelenlose Verniedlichung insbesondere in der Vermarktung: 2003 erfreuten „Die Ötzis" als Geschenk in Überraschungseiern Kinder und Erwachsene gleichermaßen; der „Pinot Ötzi" erfreut manchen Weinliebhaber; eine verschlafen blickende Ötzi-Maske aus Latex können sich Faschingsnarren über den Kopf stülpen; im Computerspiel muss sich ein bärtiger „Frozen Fritz" schließlich quer durch Südtirol durchschlagen und sich gegen Kobolde zur Wehr setzen.

Die wissenschaftliche Erforschung des Mannes vom Hauslabjoch hat die Grenzen der Erkenntnisse immer weiter ausgedehnt. Doch nicht nur jenseits dieser Bereiche entfalten Versatzstücke traditioneller und schon überwunden geglaubter Deutungsmechanismen nach wie vor bunte Blüten. In Ötzi manifestiert sich ein Konvolut an Denkweisen, Sehnsüchten, Deutungen, Wünschen und wohl auch Berechnung und Strategie. Vielleicht ist das der eigentliche Fluch des Ötzi.

↑ „Ötzi" beim **Telfer Schleicherlauf** – einem Nordtiroler Fasnachtsbrauch

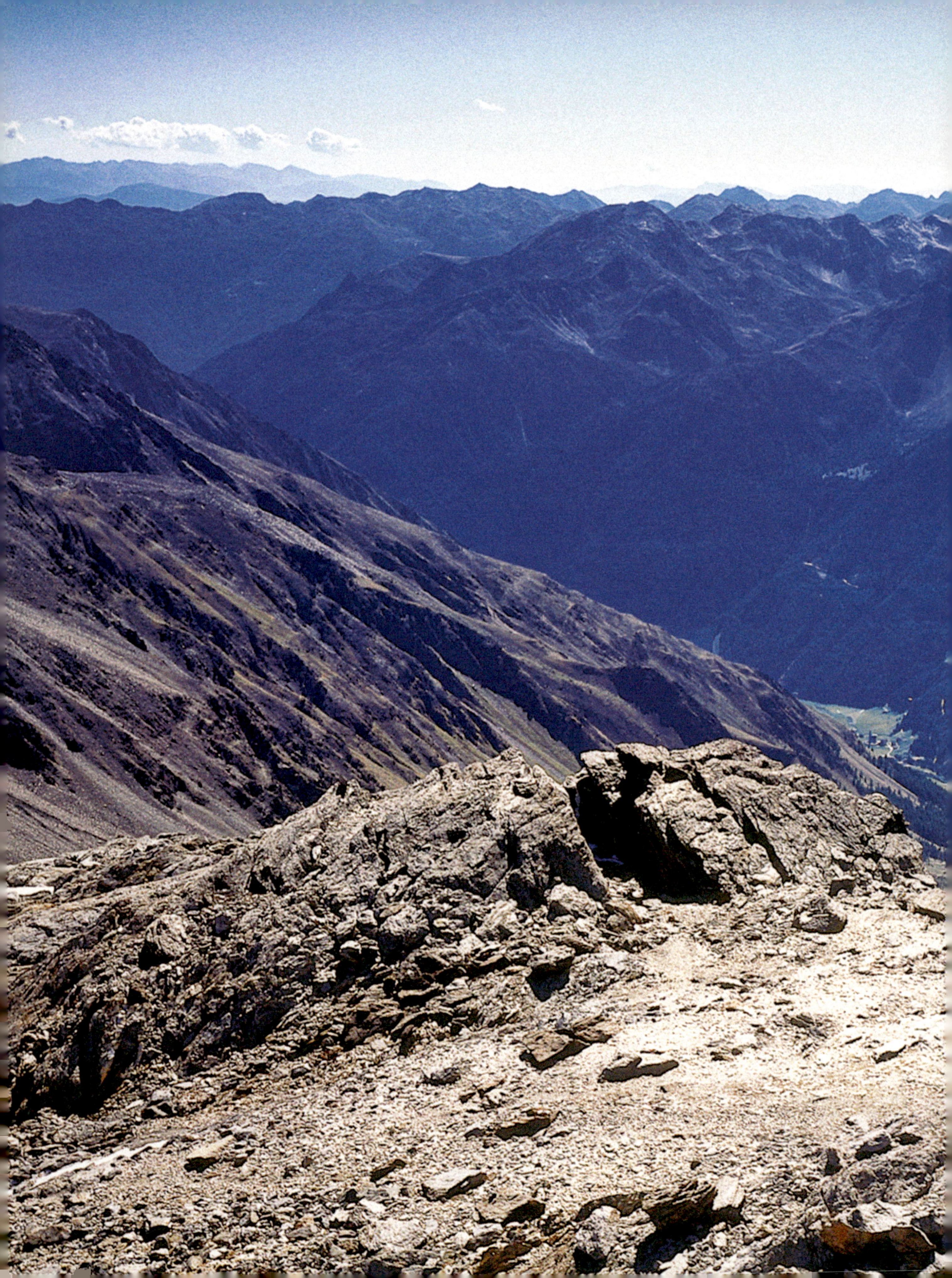

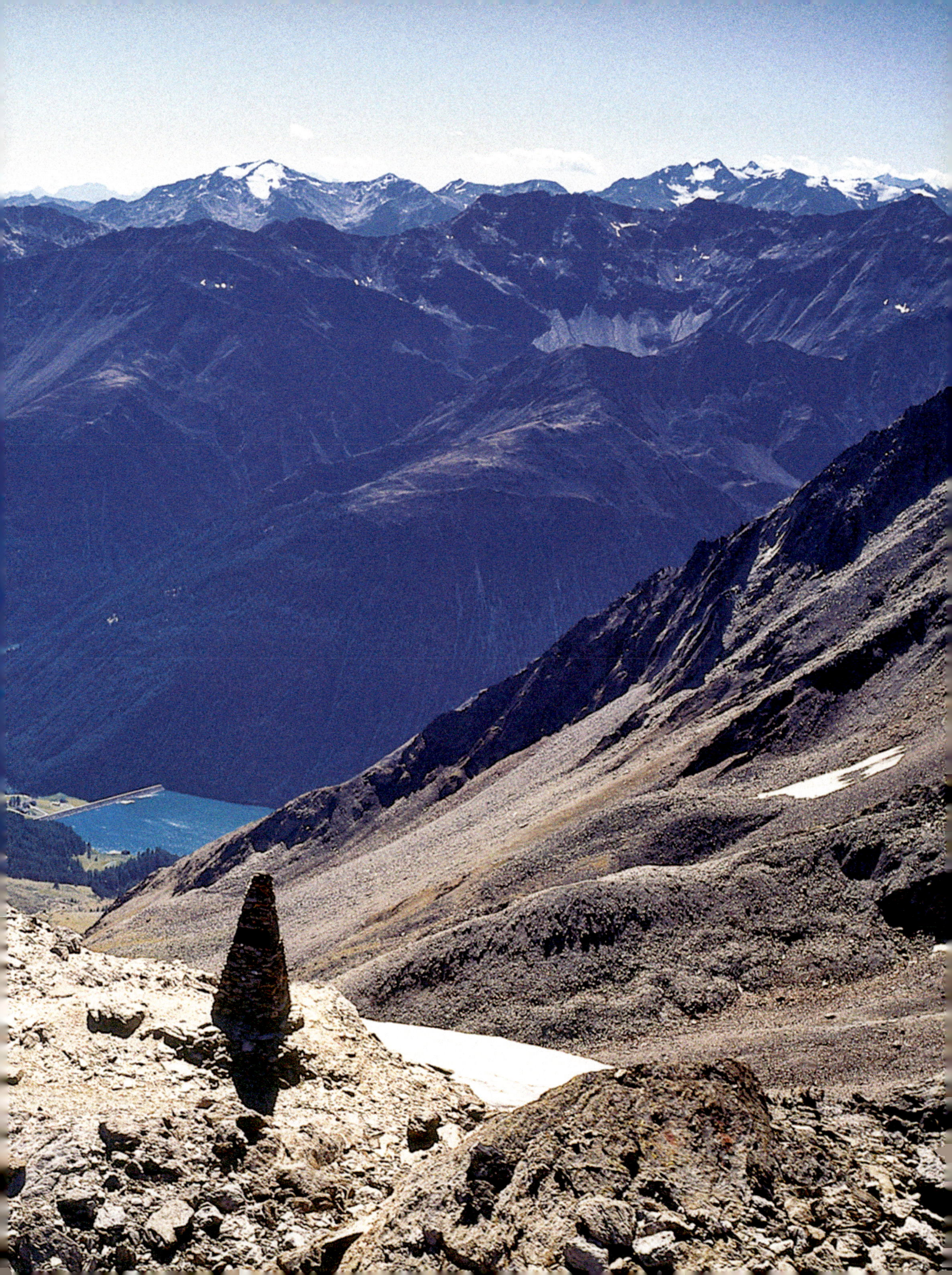

WIRTSCHAFTSFAKTOR ÖTZI

ELISABETH VALLAZZA

2003 befragte das deutsche Nachrichtenmagazin „Der Spiegel" (Nr. 46/2003, S. 206) einen Experten für Fundrecht an archäologischen Gegenständen zum Wert historischer Mumien. Im Interview mit Ralf Fischer zu Cramburg wurde auch der Fall Ötzi diskutiert. Auslöser war der Streit um den Finderlohn für Ötzi. Ein Gericht hatte damals befunden, den Findern stünden 25 Prozent vom Wert zu. Aber von welchem Wert? „Was soll das Steinzeitwesen denn kosten?", fragte der Spiegel. Der Experte antwortete u. a.: „Nur Perverse hängen sich Leichenteile in die Wohnung. Ötzi hat einen ideellen, keinen finanziellen Wert."

Im Juni 2010, 19 Jahre nach der Entdeckung der Gletschermumie „Ötzi" ist der Streit um den Finderlohn beigelegt worden. 175 000 Euro soll die Nürnberger Familie, die Ötzi beim Wandern gefunden hat, vom Land Südtirol erhalten. Die Summe darf als mühsam erreichtes Verhandlungsergebnis bezeichnet werden. Beziffert sie damit aber Ötzis Wert?

Ganz so einfach macht es uns Ötzi nicht. Worin liegt der wahre materielle Wert einer über 5000 Jahre alten Eisleiche? Sie trug nichts bei sich, das einen realen Materialwert hat, kein Gold, keine künstlerisch hochstehenden Objekte. Ihr Wert ist zunächst ein rein wissenschaftlicher. Urgeschichtler, Archäologen, Genforscher und Mediziner samt ihrer weiblichen Kolleginnen haben den Mann aus dem Eis längst für unschätzbar wertvoll erklärt und lesen in ihm wie in einem offenen Buch der Menschheitsgeschichte. Viele machten sich einen Namen mit spektakulären Erkenntnissen rund um den Eismann, und so mancher Karriereschub geht auf das Konto des Mannes aus dem Eis. Ein eigenes Institut wurde 2007 in Bozen ins Leben gerufen und koordiniert seitdem die Forschungsarbeit.

→ Ötzi aus dem Überraschungsei

↵ Blick vom Tisenjoch Richtung Vernagt

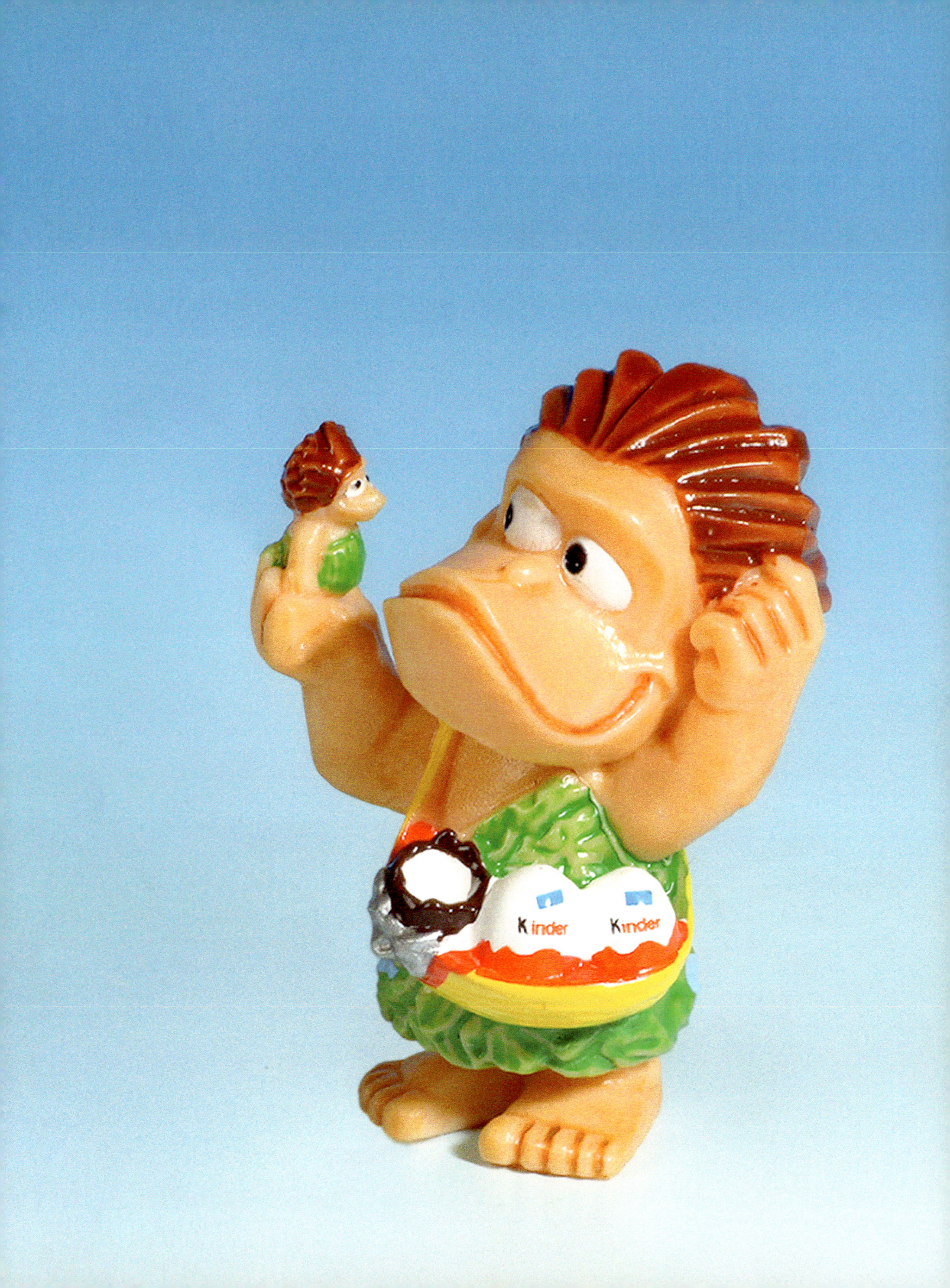
Kinder
Kinder

Die Mumie von Seite eins. Die Ersten jedoch, die mit Ötzi wirklich Geld verdienten, waren die Medien. In den ersten Wochen und Monaten nach der Entdeckung am 19. September 1991 war das weltweite Medienecho enorm. Titelgeschichten im Time Magazine, Washington Post, Sun oder Stern und Exklusivberichte auf Discovery Channel, BBC, CNN, RAI, ORF u. v. m. machten Ötzi auf einen Schlag weltweit berühmt. Die Geschichte des geheimnisvollen „Zeitreisenden" aus der Vorzeit stellte für die Sender und Verlage eine publikumswirksame und somit lohnende Story dar. Für Film- und Fotorechte floss damals und fließt auch heute noch Geld, welches großteils der Iceman-Forschung zugute kommt.

Doch erst durch die Entscheidung, Ötzi sowie seine Kleidung und Ausrüstung in einem Museum auszustellen, wurde die Eismumie zum echten Wirtschaftsfaktor. 17 Milliarden Lire (etwa 8,8 Mio. Euro) wurden 1998 in das neue Museum investiert: ein Drittel der Kosten fielen dabei allein auf den Konservierungsbereich der Mumie. Es entstanden neue Arbeitsplätze. Menschen mussten sich ab jetzt um die Präsentation, Vermittlung und Vermarktung der Thematiken „Ötzi und Südtiroler Archäologie" kümmern. Und die Besucher und Besucherinnen kamen und kommen in Strömen. Dass der Großteil davon nur wegen des prominenten Museumsbewohners kommt, wurde auch durch entsprechende Besucherbefragungen bestätigt. Die stark erhöhte Besucherdichte im 1. Stockwerk (exklusiv Ötzi und seinen Beifunden gewidmet) spricht ebenfalls Bände.

← National Geographic bringt das Thema Ötzi 2007 in über 20 nationalen Ausgaben

Im ersten Öffnungsjahr 1998 verzeichnete das Museum 245 000 Besucher und Besucherinnen (obwohl es erst am 28. März eröffnet hat) – mittlerweile hat sich diese Anzahl um 230 000 eingependelt. Mit den Ausgaben für Eintritt, Führungen und Audioguides und indirekt auch mit jedem Kauf im Museumsshop tragen die Gäste einen Großteil der laufenden Kosten des Museums.

Mit Sicherheit kann das Südtiroler Archäologiemuseum als bedeutendste kulturelle Attraktion Südtirols bezeichnet werden. 90 Prozent der Besucher stammen nicht aus Südtirol, sondern sind Tages- und Übernachtungstouristen, die sich diese Weltsensation bei ihrem Südtirolbesuch nicht entgehen lassen wollen.

Ötzis internationale Berühmtheit hat sich in den letzten Jahren noch gesteigert, dank zahlreicher Medienberichte über neueste Forschungsergebnisse wie die weltweit ausgestrahlten Dokumentationen von Discovery Channel und National Geographic und einer vom Museum koordinierten Ötzi-Wanderausstellung, die mit Kopien der Mumie und den Beifunden seit Jahren durch die Welt tourt. Dank dieser Ausstellung kennt man Ötzi auch in Ländern, für deren Einwohner Südtirol kein Begriff ist. Über eine halbe Million Menschen haben sie bisher gesehen und dem Südtiroler Archäologiemuseum indirekt Einnahmen verschafft.

↓ Blick in die Ötzi-Wanderausstellung

↓ Ötzi-Souvenirs

Ötzi-Eis und Ötzi-Wein. Während Privatpersonen und findige Unternehmer und Unternehmerinnen sich sofort nach der Auffindung und nochmals verstärkt nach dem Einzug im Museum auf die Produktion von Ötzi-Souvenirs verlegten, alle möglichen Domain- und Patentnamen reservierten und sogar Pizza, Eis, Wein und Schokolade mit der Marke „Ötzi" belegten, hielt sich das Museum in dieser Hinsicht sehr zurück. Man vermied es sogar, den Namen und das Logo des Museums mit einem Hinweis auf den prominenten Bewohner zu versehen. Nur eine Rekonstruktionszeichnung des Eismannes weist im Museumslogo auf den prominenten Gast hin. Wenige Souvenirs wurden produziert, nie verwendete man dabei – aus ethischen Gründen – Bilder der Eismumie selbst, sondern nur das Logo des Museums.

An den verschiedenen Stationen der Ötzi-Wanderausstellung war man da weniger zimperlich. Vor Ort entstanden die verschiedensten Souvenirs, angepasst an den jeweiligen Landesgeschmack. Diese wurden von den Museen und Veranstaltern vor Ort mehr oder weniger erfolgreich vertrieben. Gebühren für Markenrechte fallen keine an, da weder das Museum noch das Land Südtirol den Begriff „Ötzi" schützen lassen konnten, und dies auch nicht wollten. Der Name „Ötzi" ist bereits dermaßen im allgemeinen Sprachgebrauch verankert, dass eine Registrierung auch nicht mehr möglich ist.

Auch im Schnalstal, unmittelbar unterhalb der Auffindungsortes, wollte man von Ötzi profitieren. Man eröffnete den Archeoparc, ein Freilichtmuseum mit nachgebauten Behausungen und Feldern aus der Kupferzeit, das im Sommer diverse Mitmachprogramme, wie Steinbearbeitung oder Bogenschießen, anbietet.

„Wo ist das Ötzi-Museum?" Ötzi bekam 1998 seinen Platz im neu eröffneten Südtiroler Archäologiemuseum. Wer annimmt, das Museumskonzept sei rund um die Eismumie herum gestaltet worden, irrt. Ötzi wurde als einer unter vielen lokalen Funden betrachtet – sicher der prominenteste – aber nichtsdestotrotz hatte auch er sich einzuordnen in den chronologischen Aufbau der Sammlung (Steinzeit – Kupferzeit (Ötzi) – Bronzezeit – Eisenzeit – Römerzeit – Mittelalter). Man wollte nicht sensationsheischend wirken, jeglichen Verdacht einer bloßen Zurschaustellung vermeiden. So wurde Ötzi in die Archäologie Südtirols eingebettet, auch wenn er alle anderen Funde mit unvergleichlicher Macht überstrahlt. Auch die Wahl des Namens war streng auf das Fachgebiet bezogen und lässt keine Rückschlüsse auf den prominenten Bewohner zu.

In ganz Südtirol, in der Touristik und den Medien hat sich deshalb längst der Name „Ötzi-Museum" durchgesetzt. Dieser Druck wurde als so stark wahrgenommen, dass das Museum selbst seit einigen Jahren mit diesem Namen wirbt. Dabei kann jedoch der Eindruck entstehen, es würde sich um zwei verschiedene Museen handeln. Hier muss noch eine passende Kommunikationslösung gefunden werden.

Ötzi als Touristenmagnet. Die Ermessung von Ötzis Wert ist (auch) eine Imagefrage. Es ist schwierig festzulegen, wie „reich" Südtirol mit Ötzi geworden ist, sicher aber ist: Ohne Ötzi wäre Südtirol viel ärmer dran.

Ötzi hat Südtirol in eine neue Liga katapultiert. Neben Bergsteigerlegende Reinhold Messner ist der Mann aus dem Eis die zweite Weltsensation, die Südtirol zu bieten hat. Das Südtiroler Wochenmagazin „ff" hat im Sommer 2008 (Nr. 26) in einer Titelgeschichte über Südtirols Persönlichkeiten sogar festgestellt, Ötzi gehöre zu den zehn Südtirolern, die die Welt verändert haben. Neben dem Revolutionär Andreas Hofer, Autonomiepolitiker Silvius Magnago, Bergpionier Reinhold Messner, Schreibmaschinenerfinder Peter Mitterhofer, Komponist Giorgio Moroder, Künstler Gilbert Prousch des Duos Gilbert&George, Bergfilmer Luis Trenker, Minnesänger Oswald von Wolkenstein und Astrophysiker Max Valier.

Tatsache ist, dass Ötzis Präsenz das Südtiroler Archäologiemuseum in eine Reihe mit den wichtigsten Archäologiemuseen Europas stellt. Und erst durch Ötzi und die mit seiner Entdeckung einhergehende wissenschaftliche Forschungstätigkeit wurden Wissenschaftler von Rang plötzlich auf Südtirol aufmerksam. Die Welt der Wissenschaft schaut jetzt nach Bozen, wenn Albert Zink, Anthropologe und Leiter des Institutes für Mumien und den Iceman an der Europäischen Akademie in Bozen, neue Ergebnisse rund um Ötzi, aber auch auf anderen Gebieten der Mumienforschung präsentiert. Im Februar 2010 stand in allen Zeitungen zu lesen, Forscher haben unter der wissenschaftlichen Leitung von Albert Zink die Eltern des ägyptischen Pharao Tutanchamun identifiziert. 2009 lösten die Bozner EURAC-Forscher Zink und Dario Piombino-Mascali das Rätsel der bekannten sizilianischen Kindermumie Rosalia Lombardo, was ein bedeutendes Medienecho auslöste. Bis heute ist jede neue Erkenntnis über Leben und Tod Ötzis eine Schlagzeile wert. Daneben ist Ötzi auch ein Bezugspunkt geworden, der als beliebte Vergleichsgröße fungiert. Zwei

MUSEUMS-STÜCK

Christoph Engl (Direktor der Südtirol Marketing Gesellschaft): „Man hat es bisher vermieden, den Sensationsfund ‚Ötzi' als Produkt mit großem wirtschaftlichem Potenzial an Besucherströmen zu etablieren. Ötzi ist damit ein ‚Museumsstück' geblieben und wird als solches auch gesehen. Das kann so gewollt sein; in anderen Teilen der Welt ist man mit derartigen ‚Glücksfällen' viel offensiver umgegangen, was die Vermarktung angeht."

Beispiele: Als die Medien im Juli 2010 enthüllten, die deutsche Bundespräsidenten-Gattin Bettina Wulff trage ein Tattoo auf dem rechten Oberarm, wurden in einem Atemzug Ötzis Tätowierungen erwähnt. Und im Juni 2010 erschien in der Online-Ausgabe der Süddeutschen Zeitung ein Artikel über eine alternative Therapiemethode, die als zeichnende oder malende Medizin bezeichnet wird. Auch hier wurde Ötzi genannt: „Schon der ewige Ötzi habe solche Heilzeichen aufgewiesen", hieß es da.

Eine kleine Stichprobe zeigt: Allein im Juni 2010 erschienen 454 Artikel in deutschen Online-Medien, die Ötzi zum Thema hatten oder in denen passagenweise auf Ötzi verwiesen wurde. Zu Buche schlägt hier die Meldung über die Einigung in der Finderlohnfrage und eine archäologische Sensationsnachricht: In einer Höhle in Armenien ist der älteste Lederschuh der Welt gefunden worden. In keinem Artikel fehlt der Hinweis, dass der Schuh um einige Jahrhunderte älter ist als die Fußbekleidung der Feuchtmumie Ötzi. Die Eismumie ist längst ein fixer Referenzpunkt.

Ötzi ist Kultur und Persönlichkeit, für die Destination Südtirol ist er absolut stimmig. Es gibt diesen „Faktor Ötzi": → Gletscherfund/Lebensraum Berg (Südtirol ist eine Naturdestination und wirbt mit dem Image Berg) → Fundort Südtirol (knapp, aber immerhin) → Attraktionspunkt: Ausstellung in Südtirol (das Original ist in Südtirol geblieben und wird hier erforscht und ausgestellt) → Einzigartigkeit (niemand sonst hat etwas Vergleichbares). Südtirols Tourismusorganisationen wissen um das Potenzial des bekanntesten Südtirolers und integrieren Ötzi und das Museum, wo immer es möglich ist, in ihre Presse- und Kommunikationsarbeit. Die verhältnismäßig bescheidenen Möglichkeiten des Museums selbst reichen kaum für eine Vermarktung über regionale Grenzen hinaus.

In gewisser Weise ist Ötzi zu einer Marke geworden. Zu einer von Südtirol unabhängigen Marke. Er ist gewissermaßen ein Global Player. Fast 3 Millionen Menschen haben Ötzi bisher im Original gesehen. Aber weit mehr Menschen verbinden mit seinem Namen ein Bild und eine Geschichte. Jeder kennt aus den Medien zumindest einen Teilaspekt der Geschichte, von diversen Mordtheorien über Gentechnikanalysen und fantasievollen Rekonstruktionsbildern bis hin zur leidigen Finderlohndebatte.

Wer besucht Ötzi? Prinzipiell deckt sich die Herkunft der Museumsbesucher und -besucherinnen auch weitestgehend mit den Touristenströmen der Destination Südtirol. Die Auslastung des Museums ist starken Variationen ausgesetzt und folgt teilweise den Schwankungen der Übernachtungszahlen sowie teilweise dem Urlaubsverhalten (z. B. verlassen Skitouristen seltener ihren Urlaubsort). Bringt Ötzi zusätzliche Übernachtungen? Ja, es gibt sicher einen kleinen Anteil an Gästen, die extra wegen Ötzi nach Südtirol reisen, hauptsächlich Fachleute, Medienleute und Archäologiefans. Aber in der übernachtungsstarken Destination Südtirol schlagen diese vergleichsweise wenigen „Ötzi-Touristen" nicht signifikant zu Buche.

Die Ankünfte und Übernachtungen in Bozen sind mit der Eröffnung des Museums 1998 jedenfalls nicht auffallend angestiegen. Was auch damit zusammenhängen kann, dass nur etwa 18 Prozent der Urlauber, die das Museum besuchen, tatsächlich in Bozen ihren Urlaub verbringen, der Rest urlaubt irgendwo in Südtirol. 2007/2008 hat das Institut für Demoskopie Allensbach im Auftrag der Südtirol Marketing Gesellschaft eine Gästebefragung in Südtirol durchgeführt. Demnach bleibt im Winter etwa die Hälfte der befragten Urlauber fix im Urlaubsort, im Sommer verlassen hingegen 75 Prozent der Gäste ihren Aufenthaltsort, knapp die Hälfte davon besucht auch Orte und Attraktionen, für die sie mehr als 40 Kilometer Weg auf sich nehmen müssen. Diese Ergebnisse korrelieren auch mit der – wenngleich kurzen – Erfahrung der museumobil Card, jener südtirolweiten Gästekarte, die es möglich macht, an drei oder sieben Tagen alle öffentlichen Verkehrsmittel unbegrenzt zu nutzen und 80 Südtiroler Museen und Sammlungen zu besuchen. Nach einer Pilotphase im Jahr 2009 ist die museumobil Card seit Ostern 2010 wieder aktiv. Eine aussagekräftige Statistik über Verkaufs- und Nutzungszahlen wäre zum aktuellen Zeitpunkt vermessen. Dennoch zeichnet sich ab, dass das Südtiroler Archäologiemuseum in Bozen das von museumobil-Card-Inhabern am meisten besuchte Museum ist. Interessant ist in diesem Kontext, welche Fahrtzeiten die Touristen in Kauf nehmen, um Ötzi zu bestaunen: Knapp 60 Prozent der Besucher kommen aus Bozen und Umgebung, mehr als zehn Prozent reisen aus Meran und Umgebung an (Bewegungsradius ca. 40 km), durchschnittlich sechs Prozent der museumobil-Card-Nutzer haben ihren Urlaubsort jedoch im Eisacktal, Pustertal und Vinschgau und sitzen zwischen 45 Minuten und zwei Stunden im Zug, um ins Südtiroler Archäologiemuseum zu gelangen.

Der wahre wirtschaftliche Wert kultureller Sehenswürdigkeiten ist jedoch viel komplexer zu messen. Viel hängt von den Strukturen rundherum ab. Das Vorhandensein touristischer Infrastrukturen in der nahen Umgebung bewirkt die eigentliche Wertschöpfung. Im Falle des Südtiroler Archäologiemuseums ist dies der Fall. Restaurants, Bars und Geschäfte betten das Kulturerlebnis ein in einen Städtetrip mit Shopping, gutem Essen und italienischem Piazza-Feeling. 2001 wurde ein Versuch unternommen, diese Wertschöpfung konkret für die Stadt Bozen zu messen. Einer Studie des IFK Innsbruck zufolge lockt das Südtiroler Archäologiemuseum jährlich ca. 150 000 Tages- und Übernachtungsgäste zusätzlich nach Bozen, was für die Stadt Einnahmen in Höhe von etwa 4 Mio. Euro jährlich bedeutet.

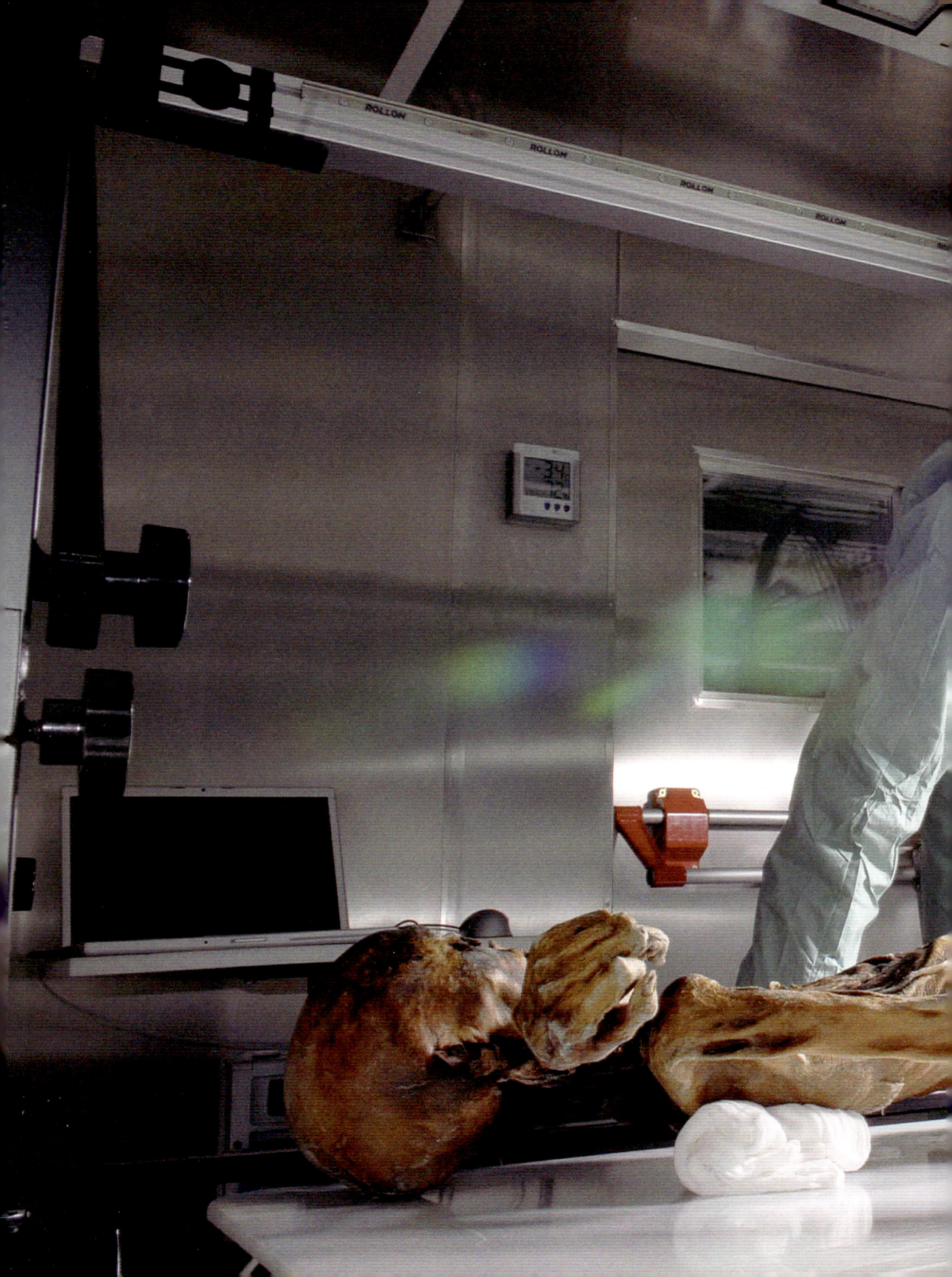

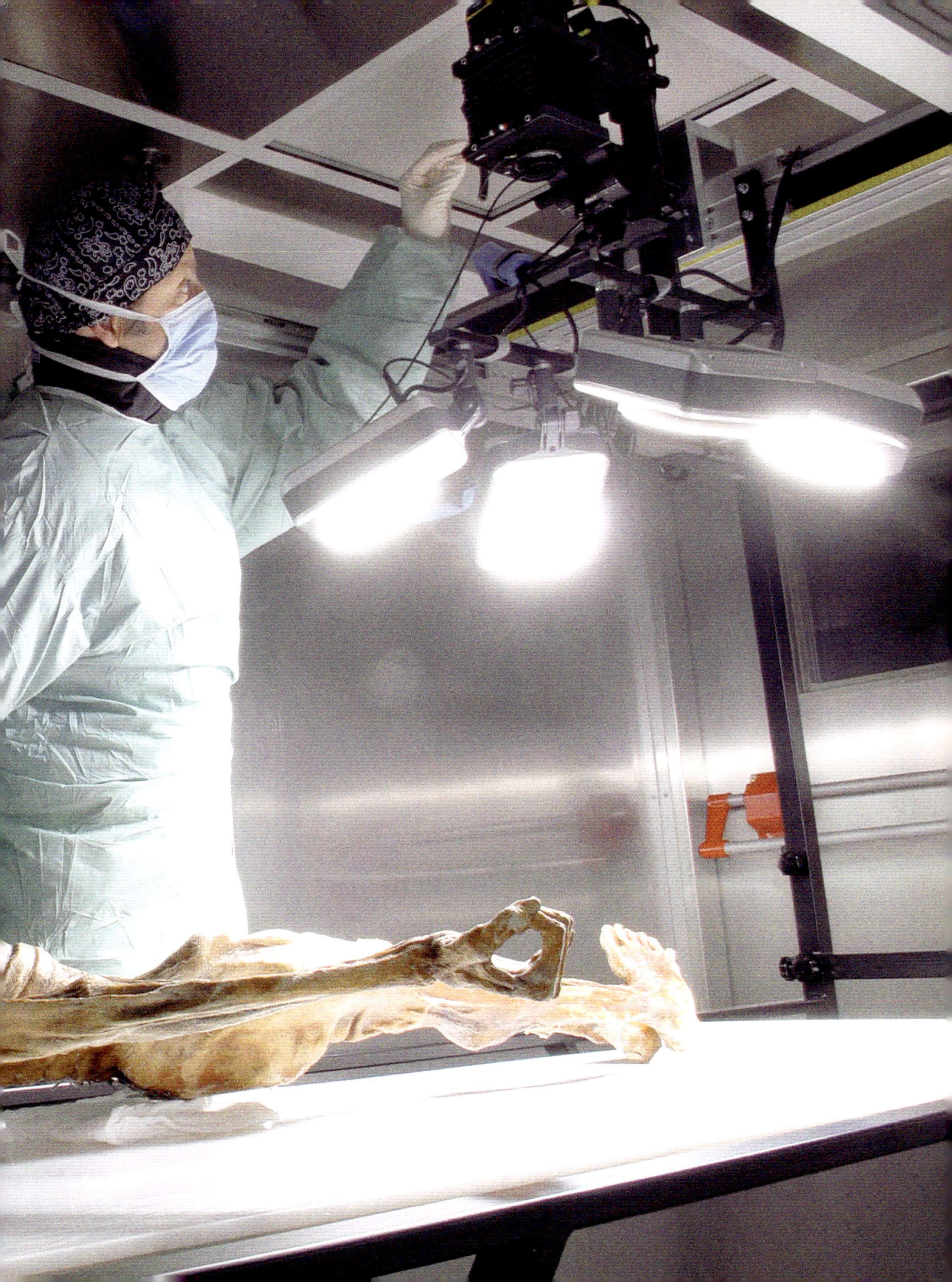

ÖTZI, **KEIN MENSCH** MEHR?

**LISELOTTE
HERMES DA FONSECA**

Vielen Menschen, denen man sagt, es sei 20 Jahre her, dass der Leichnam im Eis gefunden worden sei, reagieren überrascht: Was, schon 20 Jahre? 20 Jahre, die man kaum fassen kann. Wie aber soll man dann 5000 Jahre, die dieser Leichnam alt ist, begreifen?

Beim ersten erwähnten Anblick 1991 wurde der Leichnam für eine Puppe gehalten, für Zivilisationsmüll. Erst beim zweiten Blick wurde die archäologische Bedeutung des Körpers erkannt, womit ein Prozess in Gang kam, der bis heute anhält: die Enträtselung des Leichnams, die Entzifferung seiner Geschichte. Die Verschiebungen der Bezeichnungen desselben zeigen dabei nicht nur, wie sich die Wahrnehmungen des Körpers ändern, sondern ebenso, wie der Umgang mit ihm, je nach Benennung, ein anderer wurde. Wurde er als „Leichensache" noch sorglos in einen Plastikmüllsack geworfen, entwickelte sich mit dem angenommenen Alter allmählich um ihn eine Art Unberührbarkeit, die fast alle gesellschaftlichen Bereiche beschäftigte.

Mit der Feststellung seines Alters wurde eine gigantische Maschinerie losgetreten, die den Leichnam u. a. zum „meist untersuchtesten Patienten der Geschichte" machte. „Ein kostbarer und kostspieliger Patient", der „rund um die Uhr eine Universität" benötige, wie es heißt. Er wurde zum interdisziplinären und internationalen „Forschungsprojekt", dessen Auftrag laute, die „Evolution und die historischen Vorgänge der Menschheitsentwicklung von den Anfängen der Menschwerdung bis in die jüngste Vergangenheit" darzustellen. Zum ersten Mal trete uns hier ein „Mensch selbst in seiner Körperlichkeit entgegen und zwar nicht, wie man es gewohnt sei, aus einem Grab, sondern gleichsam mitten aus dem Leben". Damit sei

Der Mann aus dem Eis im **Untersuchungslabor**

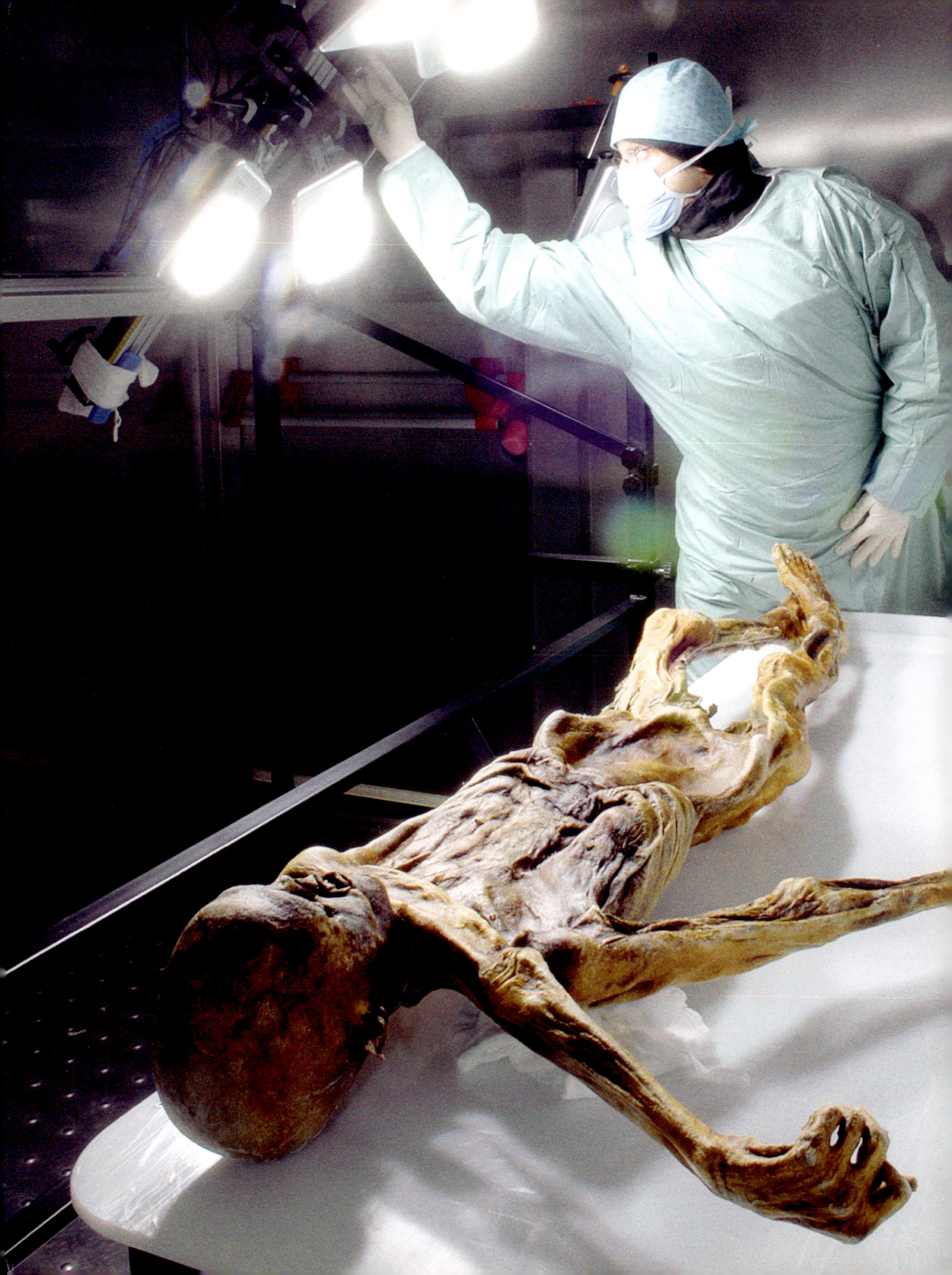

der „Befund" keiner „Bestattungszeremonie unterzogen worden", was sonst dazu führe, dass er nicht „das wirkliche Leben" widerspiegele. Das Körpergewebe sei noch elastisch und an der „natürlichen Mumie" sei nichts durch menschliches Zutun verändert, was verschiedene wissenschaftliche Untersuchungen möglich mache. Die angenommene „Ganzheit", die „Originalposition" der Gegenstände und des Leichnams sowie ihre „Zufälligkeit" werden zum „Fundkomplex", der ein allgemeineres, natürlicheres und lebendigeres Bild vom Leben der Zeit gebe: Der Mann, mitten aus dem Leben gerissen, gewähre Einblick in das „allgemeinere Alltagsleben", so die Wissenschaftler. Es erscheint ein Mensch, der wie auf natürlichem Wege, ohne menschliches Zutun, ohne Spuren der Zeit von 5000 Jahren, direkt zu uns gebeamt wurde.

WIEDER-BELEBUNG

So, als sei ein Millionen Jahre altes Insekt aus einem Bernstein wieder zum Leben erweckt worden, zeichnen die Beschreibungen des Leichnams ein Bild eines Körpers als den „Menschen selbst", der uns „das wirkliche Leben" von vor 5000 Jahren zu sehen gebe. Als hätte das Eis einen Block voll Leben aus mythischer Zeit eingefangen und uns unverändert zur Wiederbelebung geschickt, wird ein Körper beschrieben, der in seiner Ganzheit, seiner Alltäglichkeit vom Tod unberührt oder sogar verschont erscheint, und legitimiert sich darüber als Zeuge seiner Geschichte selbst.

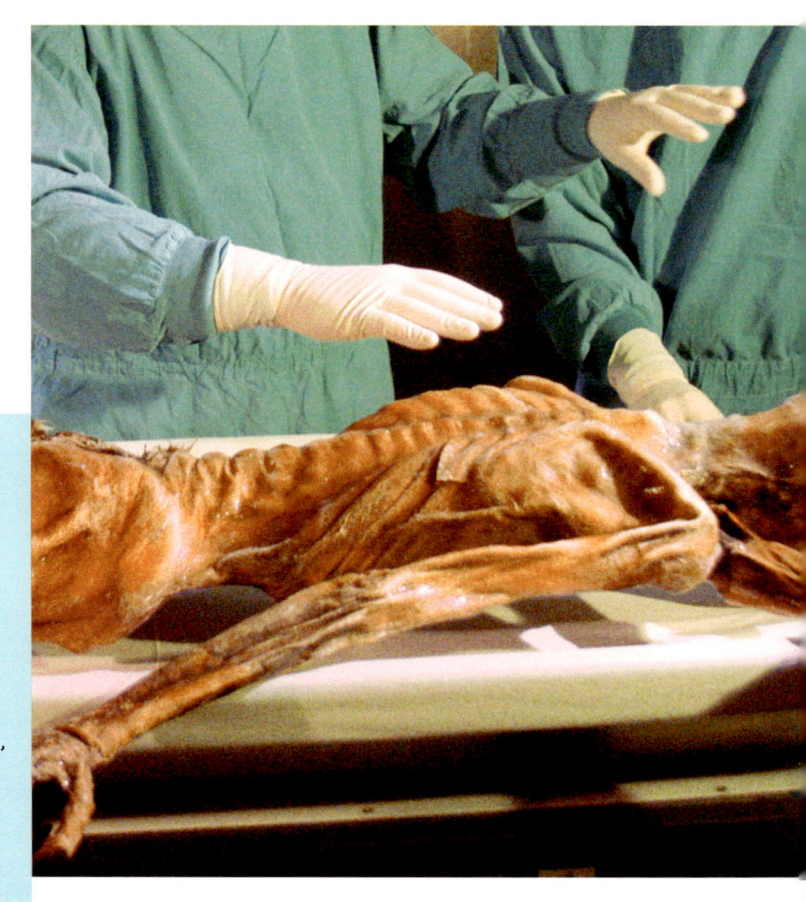

Beim Entziffern dieses Lebens aus dem Körper (aus den Taschen und dem Mageninhalt gleichermaßen) überwiegen die Naturwissenschaften. Nur durch ihre Methoden wird es denkbar, einen Leichnam derart zu enträtseln, wie es mit dem „Mann im Eis" gemacht worden ist und wird. Methoden, die von der Archäologie fern scheinen, vielleicht auch, weil sie den Körper zum Gegenstand haben und nicht die Knochen, dem Leben also näher scheinen.

Methoden, die eine detektivische Lust am Verborgenen, nicht Sichtbaren haben und darauf zielen, sichtbar zu machen. Bildgebende Verfahren sind angewendet und sogar weiterentwickelt worden, um die Geschichte des Mannes, die sich zugleich als unsere „Menschheitsgeschichte" darstellt, lesbar zu machen. Durch technische Methoden wird der Körper zum Archiv, zur Quelle des Wissens – und zum verkörperten Beweis der enträtselten Geschichte, die auch unsere Geschichte sein soll. Unsichtbar und ohne Spuren wird sichtbar, was am Körper nicht sichtbar war. So faszinieren nicht nur das Erscheinen eines 5000 Jahre alten menschlichen Körpers, sondern ebenso die Möglichkeiten der wissenschaftlichen Methoden, ihn zu entziffern und damit zu „verlebendigen".

Doch welche Art Lebensgeschichte erzählen uns die Naturwissenschaften?
Das technisch ermittelte Alter stellt etwas fest und eröffnet zugleich eine Unfassbarkeit des Fundes. Die Möglichkeit, Wissen von einem 5000 Jahre alten Menschen zu bekommen, wirkt geradezu magisch – so als träfen die Naturwissenschaften auf die Arche Noah oder als dürften Mediziner Jesus Christus persönlich untersuchen. Es lässt unsere Geschichte beben, was den Fund vielleicht auch zum Politikum machte. Im Zuge seiner Verlebendigung wurde dieser Mensch aber auch zum Denkmal erklärt, zu einer Sache, was rechtlich auch den Umgang mit ihm bestimmt.

Wird da mit naturwissenschaftlichen Methoden ein Mann gezeichnet, dessen Herkunft, Alter, Schicksal, Krankheiten und Leiden wir kennen, von dem es zunächst heißt, er habe blaue Augen und dunkelbraunes Haar und komme aus gehobenem Stand, von dem wir wissen, was er aß und tat bevor er starb, wird er im gleichen Atemzug zum „Forschungsobjekt". Der Körper, der Ausgangspunkt der „Wiederauf-erstehung" des „richtigen Bildes vom Leben damals" muss so erhalten bleiben, wie er für 5000 Jahre im Gletscher erhalten blieb. Er dürfe nicht konserviert werden, wodurch der Körper verändert würde. So wird die Mumie, „ohne zu altern", in einem Kühlzellenblock mit einem Dekontaminierungsraum aufbewahrt, nackt und auf dem Rücken liegend, auf einer Art Seziertisch der Öffentlichkeit durch ein kleines Fenster zu sehen gegeben. Wie auf einer Intensivstation Tag um Tag 24 Stunden überwacht, bildet er das „Herzstück" eines Museums, in dem wir das Leben dieses Mannes und unserer Geschichte zu sehen bekommen.

Das medizinische Setting hat den Gletscher ersetzt, noninvasive, fast unsichtbare Methoden machen am Körper diverse Aspekte seines Lebens aus geradezu mythischer Zeit spurlos sichtbar, und das Museum fügt sie zusammen. Da erscheint nicht nur ein Körper, sondern ein ganzes Leben, eine ganze Menschheitsgeschichte und -kultur. Der unfassbare Körper, der wie von Geisterhand zum Leben erweckt wird und zugleich Objekt und Grundlage des Wissens bildet, zeigt sich auf Bildern in einem kalten, medizinisch anmutenden Raum. Mit der abgeschirmten Ausstellungssituation, als „Herzstück", wird aber etwas anderes deutlich. Ähnlich wie eine Reliquie in der Kirche bringt sie etwas Unfassbares ins Spiel, das alles, was sie umgibt, ansteckt. So wäre der Leichnam einerseits die wissenschaftliche Verkörperung und der greifbare naturwissenschaftliche Beweis wie aber auch ein unfassbares, flüchtiges Unding.

Das Aufklaffen einer Frage, was man da sieht, scheint nicht nur alle Wissenschaften mobilisiert, sondern genauso den Ötzi-Kult hervorgerufen zu haben. Mit dem Namen „Ötzi" wird ein menschliches Maß gesetzt. Mag sein Gesicht auch zwischen dem eines guten, feingliedrigen, jesusähnlichen Mannes und dem eines groben, primitiven Mörders schwanken, so hat er doch ein Gesicht. Und wir können uns ein Bild machen, das den Mann im Eis wie eine wärmende Hülle umgibt. Interessant scheint in diesem Zusammenhang, dass auf seiner Fundstelle ein vier Meter hohes, steinernes Denkmal gesetzt worden ist und dass der Körper in einem „Tresor" in einem Museum untergebracht ist, so als gäbe es da auch eine Angst vor der Wiederkehr des Toten.

Museen sollen traditionell Aussterbendes und Totes retten und bewahren. Die Objekte erscheinen im Museum aber meist nicht tot, sondern wie aus dem Leben gegriffen und darin bewahrt, gerettet vor dem Tod als Verfall. Ihre Verdinglichung geht dabei einher mit einer Entkörperlichung, die ihnen eine Unberührbarkeit und Aura gibt. Wie in den Wissenschaften werden dabei immer wieder die Methoden der Sichtbarmachung unsichtbar – so, als sollte das Leben im Seziersaal am Leichnam in seiner „ursprünglichen Anordnung" erscheinen. Ist der „Tresor" (umgeben von Bildern), worin der Mann im Eis bewahrt wird, mit dem kleinen Guckloch auch funktional, schützt er vielleicht auch davor, nichts zu sehen, indem man kaum sieht. Zugleich lässt dieses „Herzstück", der Leichnam, das Gefühl zu, dass hier etwas unfassbar ist und bleibt.

→ Ötzi in seiner Kühlzelle aus der **Sicht der Museumsbesucher**

NIRGENDWO

Ein Leichnam ist weder das Lebende noch eine belanglose Tatsache. Da ist ein Mensch, und zugleich ist da kein Mensch mehr. Er ist nicht hier und dennoch nicht woanders. Am Ort des Leichnams bündelt sich ein Bezug von Hier und Nirgendwo – und in diesem Falle auch noch von wissenschaftlicher Vergegenwärtigung und mythischer Zeit.

Die Künstlerin Marilene Oliver hat mit ihrem „Iceman" von 2007 diese Unfassbarkeit verkörpert. Die bildgebenden Verfahren der Medizin lösen die darzustellenden Körper in Daten, in Bildpunkte auf, um darüber eine Sichtbarkeit und ein Wissen vom (meist lebenden) Körper zu erhalten. Eben diese Daten materialisiert Oliver als Skulptur: Skulpturen, die den aufgelösten Körper jedoch auf ganz andere Weise wieder verkörpern, als es die bildgebenden Verfahren vorgesehen haben.

Mit „Ötzi: Frozen, Scanned and Plotted" (auch „Iceman" genannt) hat Oliver den CT-Scan des Leichnams aus dem Eis in Bildpunkte übersetzt, die sie in Acrylscheiben Schicht für Schicht gebohrt und anschließend zu einem Block zusammengefügt hat. Datenpunkte, die sonst virtuell zusammengesetzt werden, um jeden Schnitt denkbar zu machen, sind hier in Scheiben eingebohrt und in einen festen Block gefügt. Aus eben diesen Bohrungen, den Löchern, an denen sich das Licht fängt und bricht, sieht man ihn erscheinen – zugleich aber auch verschwinden. Das Licht, das ihn sichtbar macht, löst ihn auch auf. Er scheint aus dem Block, in dem er eingebohrt wurde, herauszustrahlen – schattenhaft und flüchtig.

Der Wunsch, Wissen vom Körper wie im Eisblock festgestellt zu verkörpern, zeigt sich hier, indem es sich zugleich aufgelöst zeigt. Sie verkörpert das, was zuvor entmaterialisiert wurde, um es spurlos zur Gänze zu erfassen, löst die Verkörperung aber als festen, stets sichtbaren Körper auf und damit auch als Grund einer gesicherten Sichtbarkeit. Die Skulptur erscheint nebulös, ungreifbar, substanzlos. Das Bild, das den Körper refiguriert, zeigt den Verlust des Körpers durch das Verfahren seines Zustandekommens. Gefangen und fliehend aus einem gläsernen Eissarg hat Oliver auf zarteste Weise die Gewalt, die den Menschen auflöst, um ihn bildhaft zu durchdringen, in Geisterhaftes verwandelt: etwas Federleichtes, Schwindendes erscheint und zeigt, dass sich etwas entzieht.

128 ÖTZI, KEIN MENSCH MEHR?

Ist Olivers Ausstellungsweise auch monolithisch, und ist der Tote (bei diesen Bildern ist nicht unterscheidbar, ob sie von Lebenden oder Toten sind) wieder aufgerichtet, erscheint der Körper fragil. Er löst sich als fassbarer Körper auf und entweicht dem Bild. Der Titel „Frozen, Scanned and Plotted" scheint auf den ausgesprochen gewaltsamen Akt der Herstellung solcher Bilder zu verweisen. So erinnert der Titel an die Herstellung des sogenannten „Voxelman", einen dreidimensionalen anatomischen Atlas eines „Norm-Mannes", wie es heißt. J. P. Jernigan, ein hingerichteter Mörder, wurde dafür eingefroren, derart zerschnitten, dass nur Brei vom Körper übrig blieb, fotografiert und dann zum Bild vom ganzen Körper ohne Schnitte und Wunden sogar wieder „zum Leben erweckt". Den Wissenschaftlern galt dies als seine Wiedergutmachung und ihr Geschenk an die Menschheit.

Wissenschaft will erhärten, Beweise bringen, manifestieren, sozusagen einfrieren. Sie zeigt darin eine Nähe zum eisigen Tod des Mannes im Eis. Zugleich aber soll im Sektionssaal, in der Zerstückelung, die das Leben wieder auferstehen lassen soll, das Leben selbst – wundenlos und unberührt – erscheinen.

Oliver erhärtet Flüchtiges in hartem Acryl, stellt die Körper auf wie Lebende und gibt ihnen eine Erscheinung. Eine Erscheinung aber, die sich auflöst, wenn zu viel Licht auf sie fällt, die niemals ganz erscheint. Damit macht sie etwas sichtbar, das die bildgebenden Verfahren zwecks Sichtbarkeit unsichtbar machen, nämlich das Verschwinden des lebendigen, leidenden Körpers, der anonym, dem kalten Blick des Wissens ausgesetzt ist, der zerschnitten und aufgelöst wird, wenn auch noninvasiv.

Eine solche Skulptur gibt Ötzi nicht seine Würde wieder, wie es z. T. heißt. Vielmehr gibt sie den Blick frei auf einen kalten wissenschaftlichen Blick, der auch uns anschaut und ihre Geschichte und Bilder als Vorbilder vor unsere Körper stellt – „der Schmerz vergeht, das Bild bleibt", heißt es dann.

„Frozen, Scanned and Plotted"
von Marilène Oliver

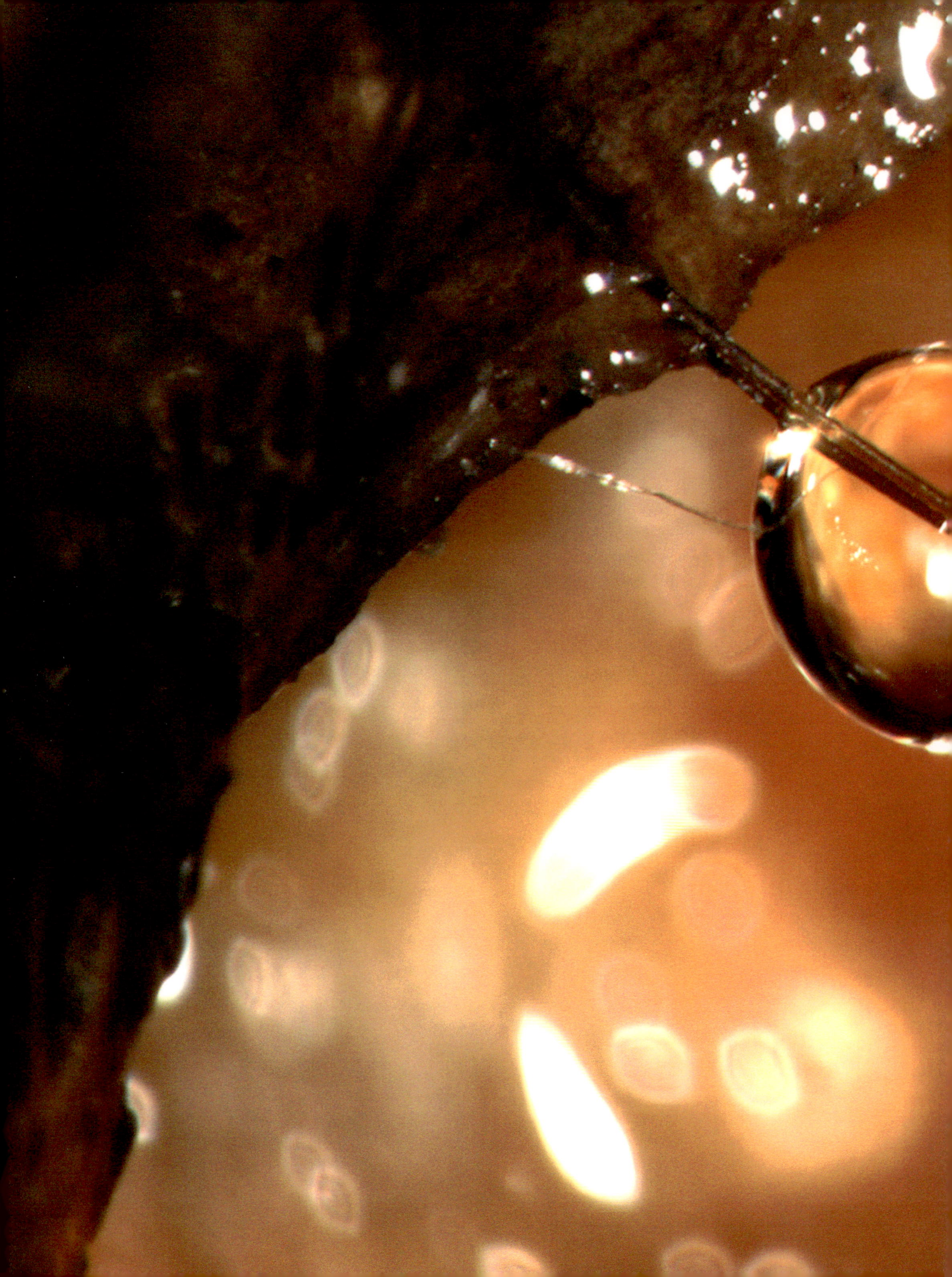

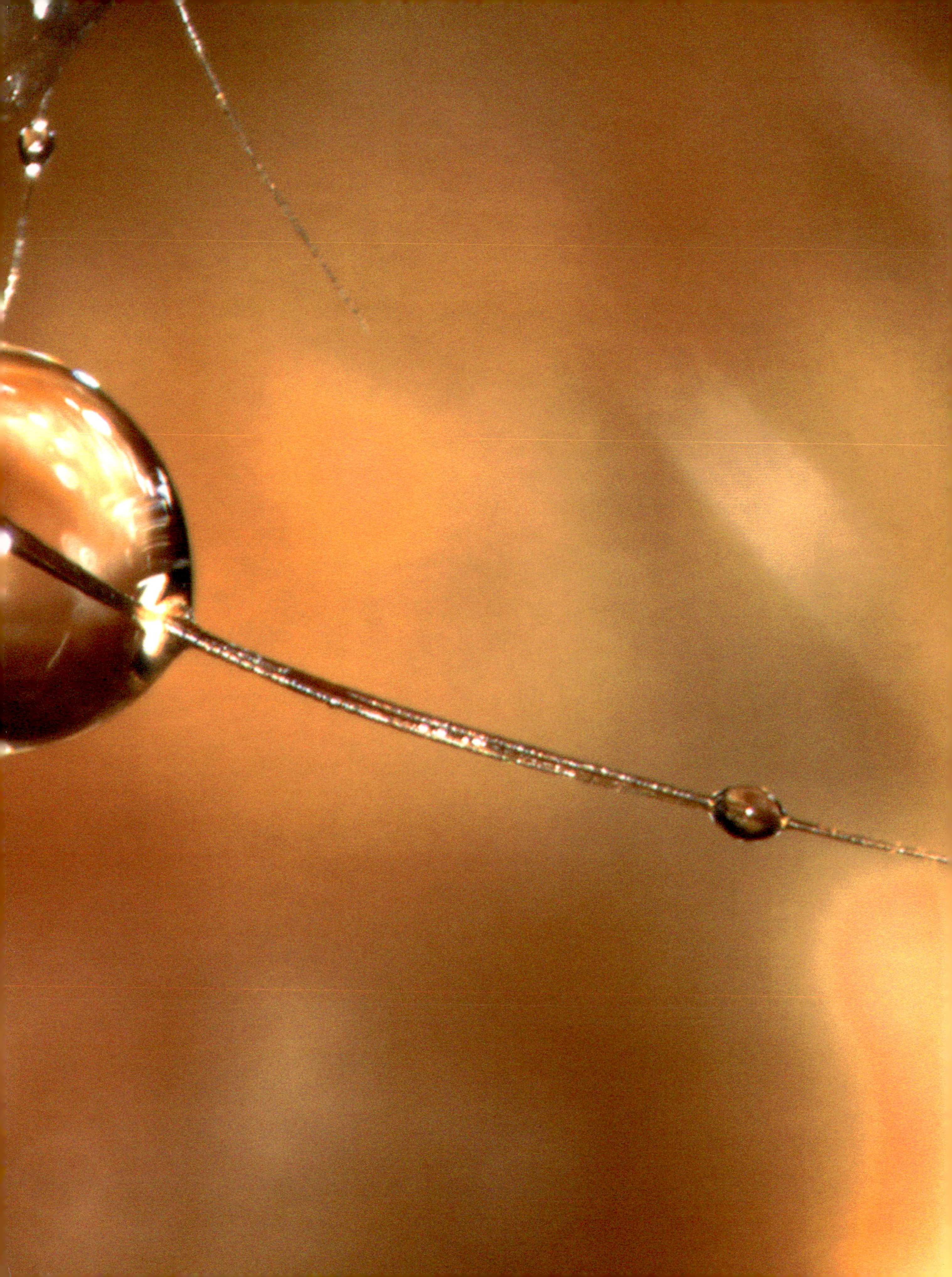

DER **TOTE MENSCH** IM MUSEUM

REINER SÖRRIES

↵ Makroaufnahme einer **Wimper** am rechten Auge

Sterbliche Überreste von Menschen, seien es Präparate, Skelette bzw. Knochen oder Mumien gehören weltweit zum verbreiteten Inventar von Museen, vor allem von ethnologischen, archäologischen oder medizingeschichtlichen bzw. anatomisch-pathologischen Sammlungen. Über lange Zeiträume bis in unsere Gegenwart wurde diese Praxis kaum hinterfragt. Ägyptische Mumien oder berühmte Tote bildeten für manche Häuser sogar einen besonderen Anziehungspunkt, während medizinische Präparate für den Lehrbetrieb unverzichtbar erscheinen. Aber ebenso scheint es für die gängige Vermittlung von Wissen in Museen notwendig zu sein, Grabinventare mit Toten zu zeigen, beispielsweise um eine vorgeschichtliche Hockerbestattung zu erläutern. Museumsleute wie Besucherinnen und Besucher stießen sich in der Regel nicht an dieser Form von musealer Darstellung.

Als der ägyptische Präsident Muhammad Anwar as-Sadat 1981 den Mumiensaal im Ägyptischen Museum in Kairo aus Ehrfurcht vor den dort bestatteten Pharaonen schließen ließ, gab es zwar enttäuschte Touristen, aber kaum eine weitergehende Diskussion um das öffentliche Ausstellen von Leichen. Seit 1995 ist er wieder eröffnet, doch achtet man streng auf Ruhe und angemessenes Verhalten. Seither begann sich durchaus unabhängig von den ägyptischen Verhältnissen, die Meinung gegenüber der Präsentation von Toten zu verändern. Und heute gibt es darüber eine lebhaft geführte Diskussion, sogar mit juristischen und politischen Akzenten. Verschiedene Faktoren sind dafür verantwortlich, die hier zunächst in chronologischer Folge genannt werden sollen.

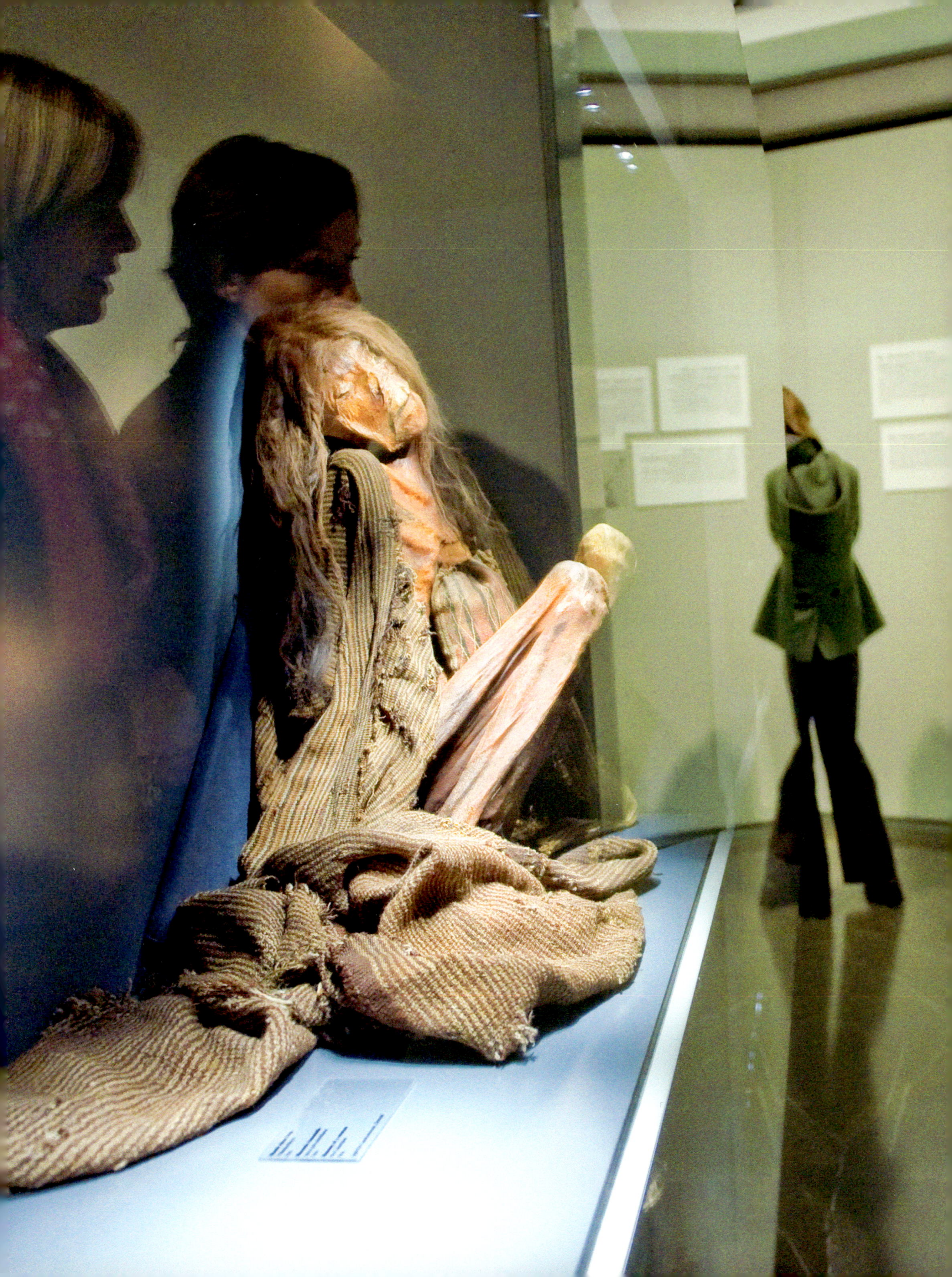

Chronologie der Diskussion. Die Diskussion in Deutschland eröffnete ein Beschluss der Kultusministerkonferenz vom 25./26. Januar 1989, die sich mit der Verwendung medizinischer Präparate von Leichen von NS-Opfern befasst hatte. Vor allem die medizinischen Einrichtungen waren aufgefordert worden, das Vorhandensein solcher Präparate sorgfältig zu recherchieren. Obwohl zum damaligen Zeitpunkt erst ein Bericht vorlag, forderte man die einzelnen Bundesländer auf, „… Präparate von NS-Opfern und Präparate ungeklärter Herkunft, die zeitlich nicht eingeordnet werden können, sofort aus den Sammlungen herauszunehmen und in würdiger Weise damit zu verfahren …".

Blieb diese politisch motivierte Diskussion und Beschlussfassung von dem überwiegenden Teil der Bevölkerung noch unbeachtet, so riefen die erstmals (in Europa) vom 30. Oktober 1997 bis 1. März 1998 im Landesmuseum für Technik und Arbeit in Mannheim gezeigten „Körperwelten" die Öffentlichkeit auf den Plan, und es entstand ein heftiger Streit zwischen Gegnern und Befürwortern der öffentlichen Ausstellung von Leichen. Gunther von Hagens´ plastinierte Leichen rauschten durch den Blätterwald und spalteten die Gesellschaft. Die Verfechter der Schau priesen sie als Befreiung vom Todestabu, während ihre Kritiker den Verlust der Pietät beklagten. Sowohl gegen den gesetzlich vorgeschriebenen Bestattungszwang als auch gegen den Vorwurf unethischen Handelns führte der Plastinator Gunther von Hagens, der sich immer als Künstler bezeichnet, die grundgesetzlich garantierte Freiheit von Kunst und Wissenschaft ins Feld.

In die voll entbrannte öffentliche Diskussion um die Ausstellung von Leichen fiel die Entscheidung, die 1991 gefundene Gletschermumie vom Hauslabjoch öffentlich im eigens dafür geschaffenen Südtiroler Archäologiemuseum auszustellen. Der hohe Öffentlichkeitswert der Bozner Mumie fachte die Diskussion zusätzlich an, und das Thema blieb in der Öffentlichkeit lebendig. Die Museumsleitung hatte sich nicht zuletzt deshalb entschlossen, 2000 zu einem Symposium nach Bozen einzuladen, um über die Ausstellung von Mumien einen wissenschaftlichen Diskurs zu führen. Die hohen Besucherzahlen, die das Bozner Archäologiemuseum zumal in den ersten Jahren verzeichnete, unterstrichen die Argumentation, dass hier das öffentliche Interesse möglicherweise das ebenfalls zu respektierende Recht auf die Totenruhe überwiegt.

Eine politische Dimension war indes erreicht, als Forderungen aus der Dritten Welt, aus Australien und Ozeanien an die Regierungen der Industrienationen herangetragen wurden, die in ihren Museen befindlichen Präparate an ihre Herkunftsländer zurückzuerstatten. Skelette, Knochen, Schädel, Schrumpfköpfe und manches mehr hatten seit dem 19. Jahrhundert das Forscherinteresse der Anthropologen und Ethnologen ebenso geweckt wie das der Sammler von allerhand Kuriositäten, und es gelangten Tausende von Präparaten in europäische und amerikanische Museen. Aus deutschen Kolonien sammelte man in großer Zahl Schädel, um der Rassentheorie eine wissenschaftliche Basis zu verleihen. Sie lagern noch heute, häufig unberührt in den Magazinen der Museen.

ENTRÜSTUNG

Bei aller öffentlichen Aufregung um die „Körperwelten" oder den „Ötzi" muss man feststellen, dass die Verfallszeiten ethischer und moralischer Entrüstung scheinbar vergleichsweise kurz sind, sodass die Wiederaufnahme der Körperweltenschau in Deutschland 2009 weniger dramatisch verlief, und auch die Diskussion um die Bozner Mumie stiller geworden ist.

Die Diskussion um die Repatriierung der „human remains" in ihre Ursprungsländer, um sie dort wieder zu bestatten, hatte die Vereinigten Staaten von Amerika bereits in den frühen 1990er-Jahren erfasst und ist mittlerweile in Europa angekommen, zunächst in Großbritannien. Dort zählte man 2003 in 132 Sammlungen etwa 61 000 „human remains" sowie Artefakte, die als Grabbeigaben mit ihnen zusammengehören. Seit kurzem ist auch die Deutsche Bundesregierung mit solchen Forderungen zur Repatriierung befasst. Während Australien, Kanada und Neuseeland den überwiegenden Anteil ihrer „human remains" an die indigene Bevölkerung zurückerstattet haben, fürchtet man in anderen Ländern den dadurch eintretenden Wissensverlust, denn als kultur-anthropologische Zeugnisse seien sie von größtem Interesse für die Forschung.

Scheint diese Fragestellung in der kontinentaleuropäischen Öffentlichkeit noch kaum angekommen zu sein, so sind doch die Museumsleute inzwischen sehr sensibilisiert und zeigen sich durchaus in ihren Auffassungen als gespalten. Dies zeigte sich an der 2008 eröffneten Mannheimer Mumienausstellung „Mumien – der Traum vom ewigen Leben", die mit eigenen Akzentsetzungen u. a. im Südtiroler Archäologiemuseum und in einer Gemeinschaftsausstellung des Museums für Sepulkralkultur und des Naturkundemuseums in Kassel 2009/10 gezeigt wurde. Der Ausstellung wurde seitens der Öffentlichkeit zwar wenig Kritik entgegengebracht, doch wehrten sich die engagierten Ägyptologen Dietrich Wildung und Sylvia Schoske vehement gegen die Mannheimer Schau und verweigerten Leihgaben. Wildung übte im September 2007 in den Medien herbe Kritik an der Ausstellung der Reiss-Engelhorn-Museen in Mannheim und bezeichnete diese als „Mumienpornografie". Der Ausdruck wurde sogar zum Unwort des Jahres vorgeschlagen. Der Erfolg der Ausstellung sei auf die Indiskretion gegenüber der Unanschaubarkeit von Mumien zurückzuführen, führten Wildung und Schoske weiter aus.

Museologische Aspekte. Der museale Umgang mit sterblichen Überresten muss entsprechend den Grundsätzen der Museumsarbeit Sammeln, Bewahren, Forschen, Vermitteln differenziert betrachtet werden. Zwischen der diskreten Aufbewahrung im Magazin und der öffentlichen Präsentation besteht ein offensichtlicher Unterschied. Museen und Sammlungen können die Aufgabe, sterbliche Überreste von besonderem Wert zu sammeln und konservatorisch einwandfrei zu bewahren, nicht preisgeben. Allerdings wird bei ihrer Magazinierung anders zu verfahren sein als bei künstlichen Artefakten. Der Schrumpfkopf in der Pappschachtel scheint seinem besonderen Charakter entsprechend nicht angemessen zu sein. Der Magazinleiter wie das Museumsteam müssen sich einer pietätvollen Umgangsweise befleißigen.

Ebenso scheint es unstrittig zu sein, dass auch organische Substanzen von toten Menschen der Forschung zur Verfügung stehen müssen, weil daraus etwas über die Vergangenheit, Gegenwart und Zukunft der menschlichen Art herausgelesen werden kann, wodurch ein eminent öffentliches Interesse begründet ist.

Der museal diffizilste Aspekt ist gewiss in der Ausstellung menschlicher Überreste zu sehen, wobei hier wieder zwischen der Dauerpräsentation und der Sonderausstellung zu differenzieren ist, denn Letztere neigt dazu, eventartig gestaltet und beworben zu werden, wodurch zumindest die Gefahr der Animation zum voyeuristischen Leichenschauen nicht ausgeschlossen werden kann. Werden Sonderausstellungen heute etwa aus Gründen des Synergieeffektes an mehreren Standorten gezeigt, dann besteht möglicherweise die Gefahr des Leichen- oder Mumien-

TOTENRECHT

Je jünger der Leichnam und je fremder die Kultur ist, der er angehörte, umso mehr muss Rücksicht genommen werden auf die Rechte der Toten und ihrer Nachfahren. Dieser Konflikt kann nicht immer harmonisch ausgebügelt werden. Ein Abwägungsprozess zwischen Totenrecht und öffentlichem Interesse kann zugunsten Letzterem ausfallen, je höher der kulturgeschichtliche und anthropologische Wert eines Toten ist. Die Einzigartigkeit etwa der Bozner Gletschermumie gepaart mit dem öffentlichen Recht auf Information lässt ihre Ausstellung gerechtfertigt erscheinen. Allerdings wird auch deutlich, dass eine solche Entscheidung immer ein singulärer Abwägungsprozess sein muss.

tourismus. In gewisser Weise kann man auch der Mannheimer Mumienausstellung, die es sogar zum Sprung über den großen Teich geschafft hat, diesen Vorwurf nicht ganz ersparen. Dies sei an dieser Stelle ganz bewusst angesprochen, weil auch das Südtiroler Archäologiemuseum und das Kasseler Sepulkralmuseum, dessen Leiter hier als Autor verantwortlich zeichnet, Stationen dieser Ausstellung waren.

Zur Ethik solchen Handelns zählen freilich auch die Motive der Verantwortlichen. Basieren sie ausschließlich auf dem Wunsch nach einer erfolgreichen Ausstellung mit vielen Besucherinnen und Besuchern, oder steht der Vermittlungsaspekt im Vordergrund? Wie in anderen Fällen auch ist in der Auseinandersetzung mit dem Tod und den Toten das Original durch nichts zu ersetzen, weshalb erst die Begegnung mit echten Mumien (oder anderen sterblichen Überresten) zu einer nachhaltigen und bewegenden Erfahrung werden kann. Voyeurismus kann aber eben nicht ausgeschlossen werden.

Trotz der nachfolgend aufgeführten „ethischen Empfehlungen" zum Umgang mit sterblichen Überresten, bleibt es für die Menschen, die museale Arbeit zu verantworten haben, immer eine Zerreißprobe oder neutraler ausgedrückt ein Abwägungsprozess zwischen dem, was man tut und was man lässt. Sehr restriktiv hat Heinrich von Stülpnagel, Restaurator am Ägyptologischen Museum in Leipzig und einer der Ersten, der sich mit dieser Thematik befasst hat, diese Frage beantwortet: „Eine Mumie in einer Museumsvitrine zur Schau zu stellen, ist also eher als museologische ultima ratio zu bezeichnen. Aus Rücksicht vor den Sehgewohnheiten der Museumsbesucher, aus Rücksicht vor der postmortalen Würde des Menschen und aus der Überlegung heraus, dass die Religionsfreiheit, wie sie in der Charta der Menschenrechte verbrieft ist, nur logisch zu sein scheint, wenn sie auch postmortal wirken kann, sollten Mumie nicht ausgestellt werden."

Ethische Empfehlungen. Ob Mumien oder Schrumpfköpfe oder artifiziell behandelte Schädel – es handelt sich dabei sowohl um kulturgeschichtliche Zeugnisse als auch um sterbliche Überreste – so entsteht eine Spannung zwischen dem wissenschaftlichen und museologischen Interesse einerseits und der Würde des Toten bzw. seiner Nachkommen oder Volksgruppe, der er angehörte, andererseits. Während in unserem Kulturkreis die Persönlichkeitsrechte eines (toten) Menschen mit der Zeit abnehmen und schließlich erlöschen, haben andere Kulturen andere Vorstellungen.

Der hochrangig besetzte Arbeitskreis „Präparate menschlicher Herkunft in Sammlungen" mit Mitgliedern aus Medizin, Museum, Recht, Ethik und Religion hat dazu 2003 ein bis heute anerkanntes Papier mit „Empfehlungen zum Umgang mit Präparaten aus menschlichem Gewebe in Sammlungen, Museen und öffentlichen Räumen" erarbeitet. In der Präambel wird ausgeführt: „Da die vorhandenen Gesetze im Allgemeinen nur höchst fragmentarisch den Umgang mit Präparaten aus menschlichem Gewebe in Sammlungen, Museen und öffentlichen Räumen regeln und insbesondere keinen zureichenden Anhalt zur Lösung der damit verbundenen rechtlichen und ethischen Probleme bieten, sollen diese Empfehlungen Eckpunkte zum Umgang mit solchen Präparaten geben."

Zwei Dinge scheinen notwendig aus diesem Papier herausgegriffen zu werden. Dies ist zum einen die Prüfung des mutmaßlichen Willens des Verstorbenen zu einer solchen öffentlichen Präsentation: „Ergibt sich, dass der Verstorbene aufgrund seiner Abstammung, Weltanschauung oder wegen politischer Gründe durch staatlich organisierte und gelenkte Gewaltmaßnahmen sein Leben verloren hat, oder besteht die durch Tatsachen begründete Wahrscheinlichkeit dieses Schicksals, ist dies eine schwere Verletzung seiner individuellen Würde. Wurde ein solcher Unrechtskontext im Einzelfall festgestellt, sind die Präparate aus den einschlägigen Sammlungen herauszunehmen und würdig zu bestatten, oder es ist in vergleichbar würdiger Weise damit zu verfahren." Zum anderen gilt es, die mit der Sammlung bzw. Präsentation sterblicher Überreste verbundene Motivation der Verantwortlichen zu hinterfragen: „Es ist zu prüfen, welche Zielsetzung mit dem zum Zweck der Präsentation und Demonstration hergestellten Präparat verfolgt, bzw. welcher Nutzen angestrebt wird."

Gleichwohl ist festzuhalten, dass die Empfehlungen des genannten Arbeitskreises den musealen Umgang mit sterblichen Überresten nicht grundsätzlich ausschließen: „Die Herstellung, Konservierung, Sammlung und Aufbereitung von Präparaten aus menschlichem Gewebe zum Zwecke der Präsentation und Demonstration für eine Fachöffentlichkeit und die allgemeine Öffentlichkeit sind grundsätzlich zulässig. Dies gilt insbesondere zur Vermittlung biologisch-medizinischer, kultureller, historischer oder sonstiger bedeutsamer Zusammenhänge." Die Konferenz der Kultusminister der Länder, die den Diskussionsprozess angestoßen hatte, hat die „Empfehlungen zum Umgang mit Präparaten aus menschlichem Gewebe in Sammlungen, Museen und öffentlichen Räumen" als hilfreich und positiv beurteilt. Nicht geklärt sind damit die Forderungen nach Repatriierung von „human remains" in ihren indigenen Kulturraum. Mit der Erarbeitung einer Lösung hat die Bundesregierung den Deutschen Museumsbund beauftragt, dessen Ergebnisse noch ausstehen.

Tote Körper in der Kunst. Wenn auch sterbliche Überreste in Ausstellungen und Museen durch die Art und Weise ihrer Präsentation in gewissem Sinne inszeniert werden, so handelt es sich doch in aller Regel um das Zeigen von Originalen und damit um eine sachliche Umgehensweise mit einem archäologischen, kulturgeschichtlichen oder anthropologischen Befund. Etwas anderes ist die Verwendung von Leichen oder Leichenteilen im Sinne künstlerischer Darstellung oder Verfremdung, was abschließend kurz betrachtet werden soll. Ob die Plastinate Gunther von Hagens dieser Kategorie entsprechen, soll allerdings ausgeklammert bleiben.

Die Verwendung organischer Substanzen in der Kunst ist indes nicht völlig neu. Der Wiener Aktionskünstler Hermann Nitsch (*1938) hat mit seinen Performances Aufsehen und Proteste hervorgerufen, als er Tierkadaver und Blut verwendete und selbst Tierschlachtungen durchführte. Einen deutlichen Schritt weiter geht die 1963 in Culiacán, Mexiko, geborene Künstlerin Teresa Margolles, die in ihren Arbeiten häufig Materialien verwendet, die von Leichen stammen oder mit ihnen in Berührung gekommen sind, wie menschliches Blut oder Wasser von Leichenwaschungen. Damit ist sie eine der umstrittensten und meistdiskutierten Künstlerinnen der Gegenwart, denn in ihren Werken konfrontiert sie die Betrachter auf schockierende, auch Ekel erregende Weise mit dem Tod. Manche sehen in Margolles Arbeiten eine Herabwürdigung des Menschen zum Material. Ihre Arbeit Burial – Entierro (Begräbnis) bildet hier einen gewissen Höhepunkt, wenn sie einen totgeborenen Fötus in einen Betonkern einschließt. Andere preisen Margolles Kunst als einen wehrhaften Aufschrei gegen den Missbrauch des Menschen durch Menschen. Weltweit sorgte ihre große Ausstellung „Muerte sin fin", gezeigt u. a. in Frankfurt 2004, für Diskussionen: „So dicht am toten Menschen, so dicht am Leichnam war selten eine Ausstellung. So unmittelbar wurden viele von uns noch nie mit Toten konfrontiert."

Die Frage, ob noch eine Steigerung möglich ist, beantwortete der Konzeptkünstler Gregor Schneider (* 1969) 2009 mit einer bis dahin einzigartigen Projektidee, einen Menschen im Museum sterben zu lassen: „Ich möchte eine Person zeigen, welche eines natürlichen Todes stirbt oder gerade eines natürlichen Todes gestorben ist. Dabei ist mein Ziel, die Schönheit des Todes zu zeigen", sagte Schneider. Wenige Jahre zuvor hatte das Londoner Naturkundemuseum den Plan gehegt, eine Leiche öffentlich im Museum verwesen zu lassen. Bei beiden Projekten blieb es bei der Ankündigung, wobei man noch darüber sinnieren kann, ob tatsächlich der öffentliche Widerstand die Ideengeber zum Rückzug zwang oder ob ihnen der verwegene Plan allein die erwartete Publicity bescherte. Aber auch wenn es (noch) nicht zur Durchführung des Sterbe- und Verwesungsprozesses vor Publikum kam, so wird deutlich, dass Gunther von Hagens Totenpanoptikum noch nicht das Ende der Fahnenstange bedeuten muss.

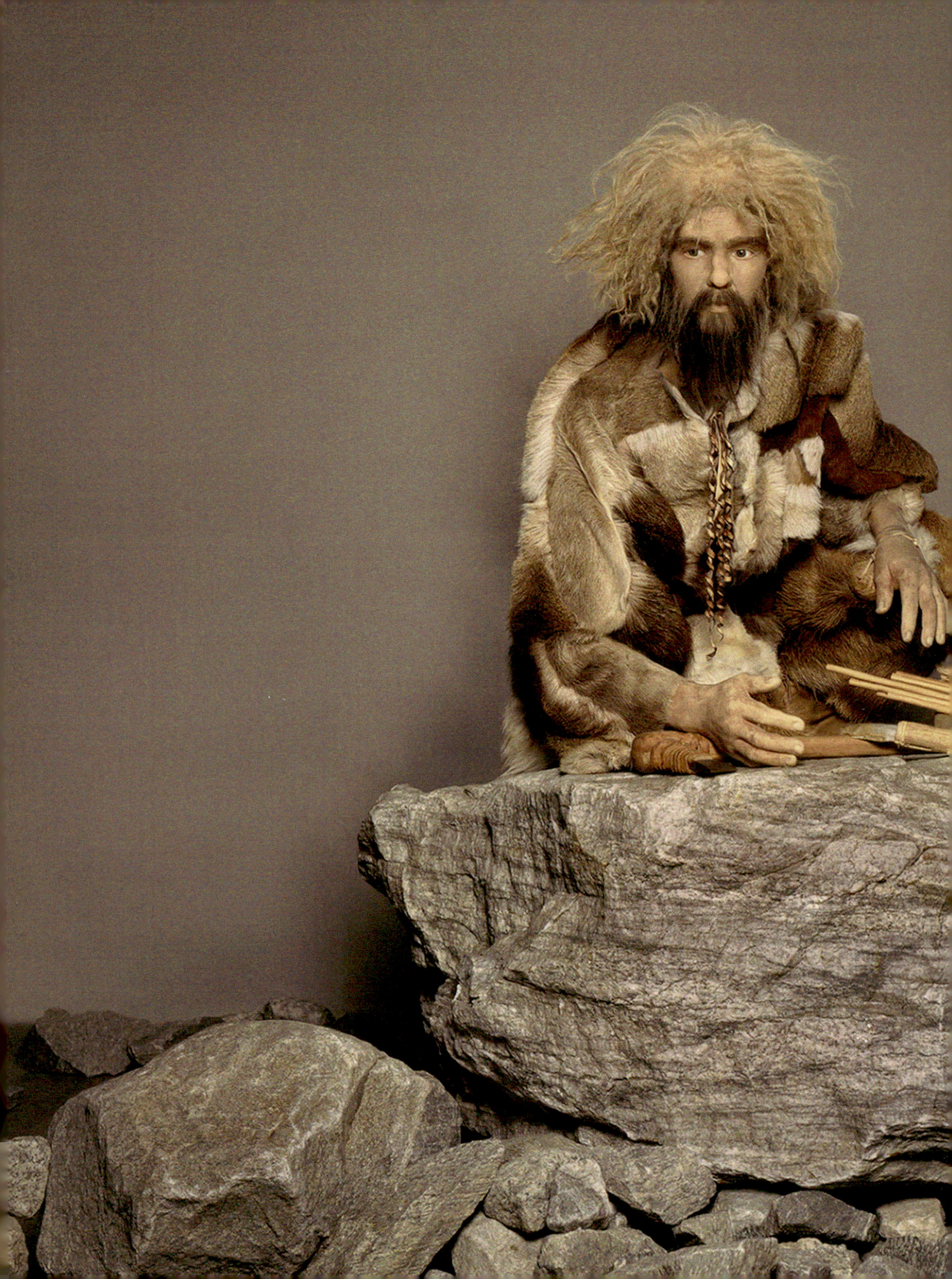

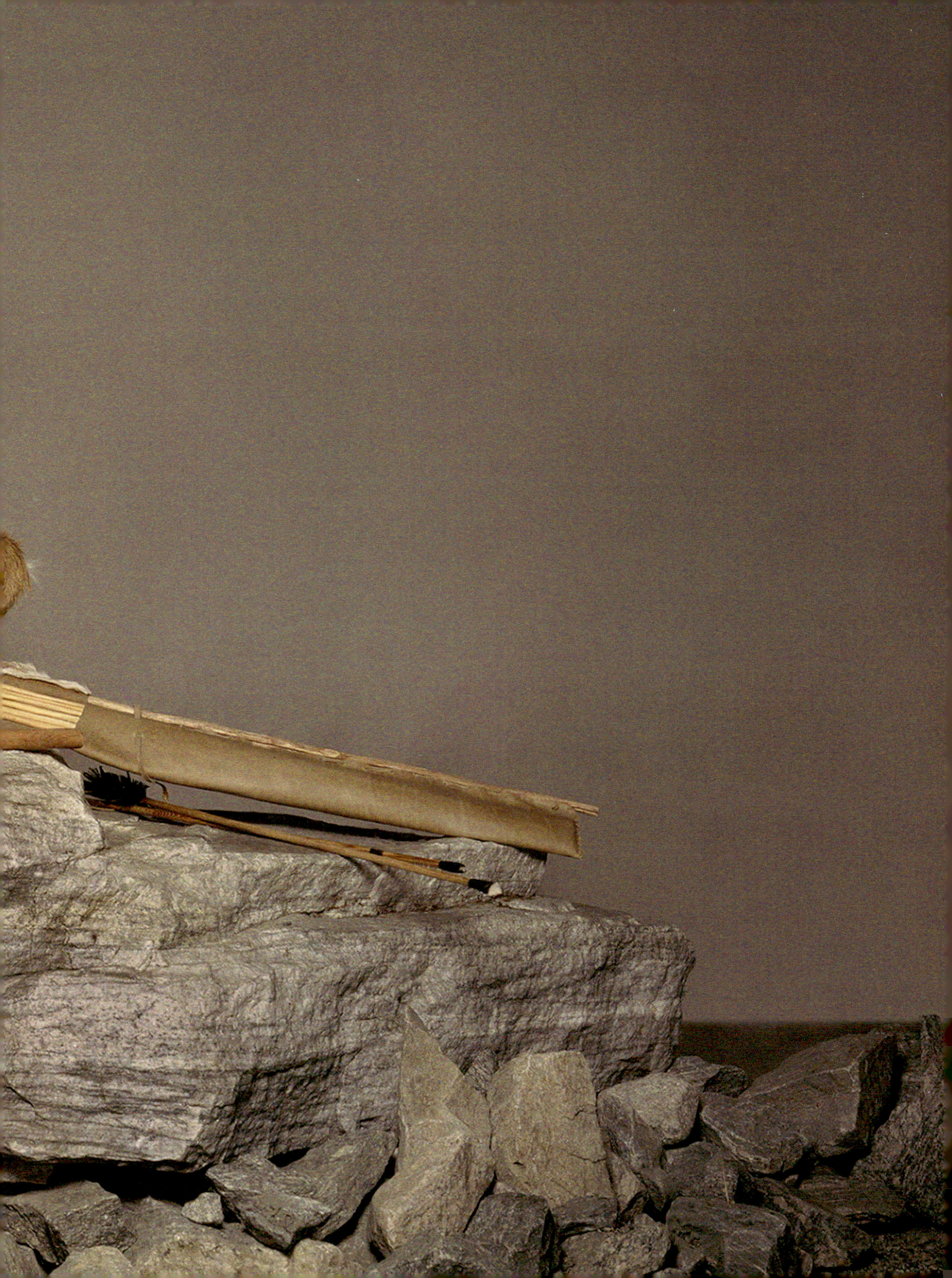

WO GEHT'S HIER **ZUM ÖTZI** ?

KATHARINA HERSEL
VERA BEDIN

→ Das Südtiroler Archäologiemuseum

↵ *TABLEAU VIVANT*
Brigitte Niedermair
Ötzi-Nachbildung im
Gletschermuseum
Fjærland

Ötzis Museumskarriere beginnt mit dem Beschluss der Südtiroler Landesregierung, die Gletscherleiche aus der Kupferzeit in einem musealen Kontext der Öffentlichkeit zugänglich zu machen. Außerdem sollte es auch in Zukunft weiter möglich sein, die wissenschaftliche Forschung am Mann aus dem Eis fortzusetzen. Damit war die jahrelang von Experten, Politikern und Laien öffentlich diskutierte Frage, ob die Leiche nach ihrem Aufenthalt an der Universität Innsbruck und nach allen archäologischen, anthropologischen und medizinischen Untersuchungen schlussendlich beerdigt werden sollte, zugunsten ihrer Konservierung und Exposition entschieden.

Seit März 1998 sind die Mumie und deren Beifunde im neu errichteten Südtiroler Archäologiemuseum in Bozen zu sehen.

Die grundsätzliche Entscheidung, die Mumie des Mannes aus dem Eis zum „Ausstellungssubjekt" zu machen, hatte und hat noch immer weit reichende Folgen auf den verschiedensten Ebenen. Das betrifft ihre Konservierung, aber auch die Art ihrer Präsentation innerhalb eines Museums sowie die Reaktionen auf die Mumie. Dabei gab und gibt es planbare und nicht planbare Aspekte. Die Gesamtheit dieser Aspekte trägt heute zu dem bei, was die Besucher und Besucherinnen im Südtiroler Archäologiemuseum im „Ötzistockwerk" zum Thema Mann aus dem Eis wahrnehmen, wie sie das Thema erleben und wie sie sich bei ihrem Museumsbesuch verhalten.

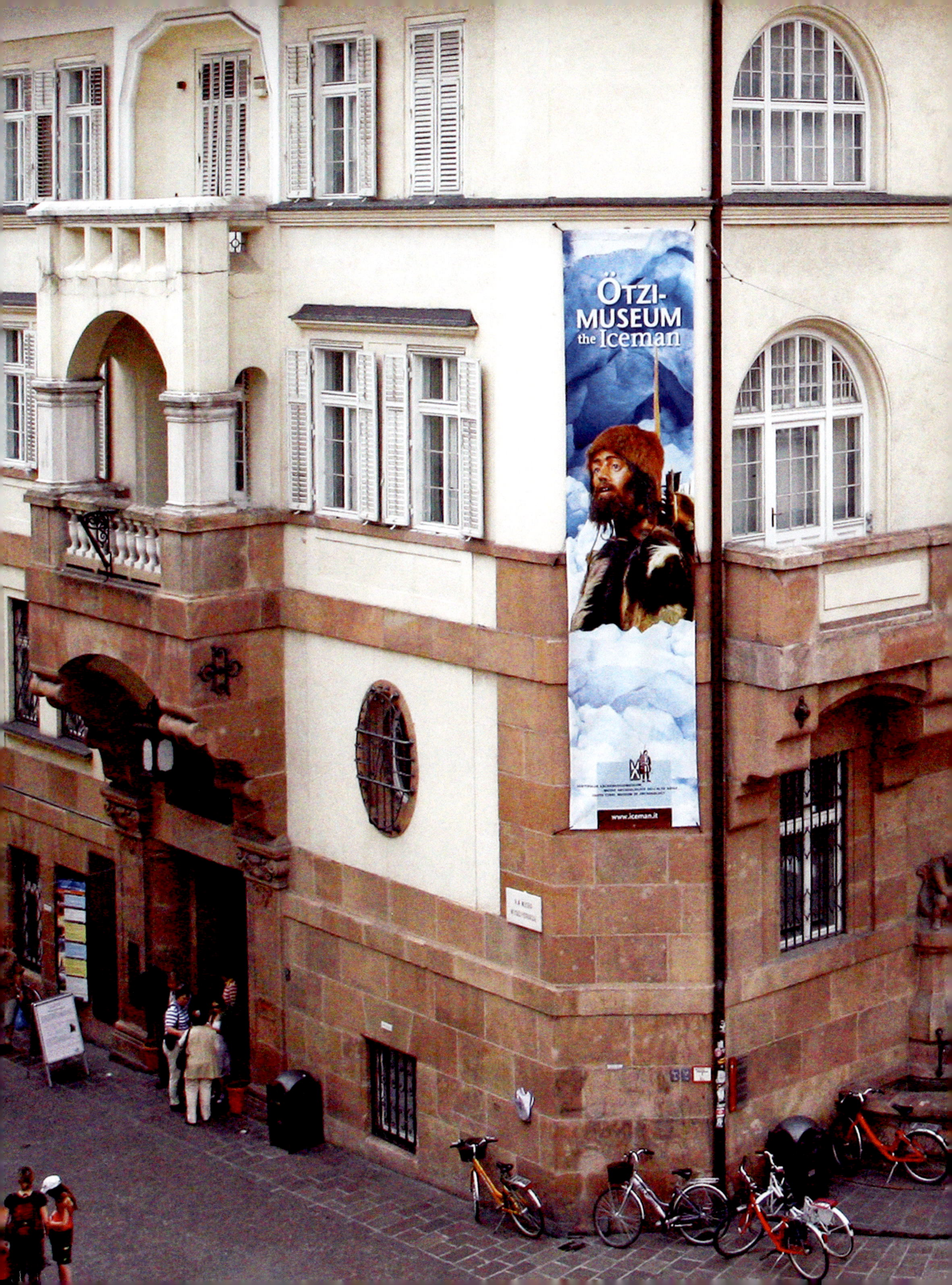
ÖTZI-
MUSEUM
the Iceman
www.iceman.it

Die Gestaltung des Museumsparcours. Das Südtiroler Archäologiemuseum befindet sich in einem ehemaligen k.u.k.-Bankgebäude aus dem Jahr 1912 im Stadtzentrum von Bozen. Bis auf einige denkmalpflegerische Vorgaben konnte die Konzeptgruppe, die sich aus Archäologen, Konservatoren, Museologen und Designern zusammensetzte, das Museumsinnere ex novo planen. Nach einer Bauzeit von zwei Jahren wurde es am 28. März 1998 eröffnet.

Eine der wichtigsten Grundsatzentscheidungen war die, den Fundkomplex „Mann aus dem Eis" in den chronologischen Lauf der Geschichte Südtirols einzubauen und ihn nicht, wie dramaturgisch denkbar, am Ende des Parcours als Highlight zu präsentieren.

Die bewusst dezente und ruhige Rauminszenierung verrät auch gleich, in welche Richtung sich die Konzeptgruppe bei der Gestaltung der Ausstellung geeinigt hat: Sie soll sich erst auf den zweiten Blick im Detail erschließen. Damit ergeben sich zwei Dinge: Zum einen sind die Besucher relativ frei in ihrer Wahl, wie sehr sie sich auf die Objekte einlassen und den Parcours vertiefen wollen. Zum anderen steht hinter dieser Art von Parcours-Gestaltung auch die Absicht, Originale und andere Vermittlungselemente gleichwertig zu präsentieren. Das Thema Mann aus dem Eis wird beispielsweise durch Rekonstruktionen, Videos, Pläne, Zeichnungen oder Klanginstallationen ergänzt. Der Einsatz so verschiedenartiger Vermittlungsformen war bewusst gewählt worden, um das Interesse der Besucher aufrechtzuerhalten und immer wieder anders zu stimulieren.

Das Ötzistockwerk: Intimsphäre einer Mumie. Der Präsentation des Mannes aus dem Eis und seiner Beifunde ist eine eigene Etage gewidmet. „Sein" Stockwerk fügt sich nicht nur chronologisch, sondern auch gestalterisch in den restlichen Museumsparcours nahtlos ein. Den weitaus größten Platz in diesem Stockwerk nehmen die stickstoffgefüllten, klimatisierten Vitrinen ein, in denen die originalen Beifunde zu besichtigen sind (Kleidung, Ausrüstung, Werkzeuge).

Die Mumie selbst befindet sich verdeckt durch eine apsisähnliche Abtrennung zur Ausstellung in einem abgedunkelten Halbrund. Sie liegt in einer sauerstofffreien Kühlzelle auf einer Präzisionswaage bei gletscherartigen Bedingungen von −6 °C und bei einer relativen Luftfeuchtigkeit von annähernd 100 Prozent. Das nur 40 x 40 cm große Schaufenster in die Kühlzelle von Ötzi folgt in erster Linie konservatorischen Vorgaben, nach denen die Klimabedingungen bei einer größeren Öffnung zu sehr schwanken würden. Gleichzeitig war damit auch der Forderung der Auftraggeber Genüge getan, die Präsentation von Ötzi dezent zu halten. Die Lichtbelastung ist durch den vollständigen Entzug von UV- und Infrarot-Strahlen auf ein Minimum reduziert, daher muss sich das Besucherauge erst an das Dämmerlicht in der Kühlzelle gewöhnen, um alle Einzelheiten des Körpers wahrnehmen zu können.

Die Besucher und Besucherinnen betrachten die Gletschermumie einzeln, sind einen Moment mit ihren Gedanken vor dem Original allein, bevor sie wieder in das Museumsgeschehen zurückkehren. Diese zurückhaltende Art der Darstellung in einer Art kapellenartigem runden Raum wurde bei der Ausstellungsgestaltung bewusst so gewählt. Die Mumie sollte nicht im Mittelpunkt der Ausstellung präsentiert werden, und der Museumsrundgang sollte auch ohne die Besichtigung der Mumie ein Erlebnis sein. Mit dieser abgeschirmten Ausstellungssituation wollten die Gestalter sowohl den konservatorischen als auch den ethischen Anforderungen nach einer Art „Intimsphäre" für die Mumie gerecht werden. Dass es gelungen ist, den Wunsch nach einer dezenten Präsentation auch umzusetzen, ersieht das Museumspersonal daran, dass einige Besucher die Mumie gar nicht auf Anhieb finden.

Gegen eine Besichtigung entscheidet sich de facto kaum eine Person, am ehesten äußern Kinder manchmal ihr Unbehagen. Bei begleiteten Kindergruppen verbalisiert das Museumspersonal die Möglichkeit, die Mumie nicht zu besichtigen. Ist der Gruppenzwang nicht zu massiv, wird dieser Aufforderung auch Folge geleistet.

Bedrängt fühlen sich vielleicht Besucher und Besucherinnen auch an Tagen, an denen großer Andrang herrscht. Um den Menschenfluss zu steuern, stellt die Aufsicht im Bereich vor dem Sichtfenster ein mobiles Leitsystem auf, welches die Menschen zwingt, sich in einer Warteschlange einzureihen. Die oben erwähnte kapellenartige Architektur lässt beim Anblick der Warteschlange an eine Prozession denken, die sich auf dem Weg zu einer Reliquie befindet. Deplatziert scheint dem Beobachter dieser Szene manchmal der Lärm, der von der Menschenmenge ausgeht, das Drängen und die aufkommende Ungeduld, sobald sich jemand „länger" vor dem Fenster aufhält. Viele Menschen haben auch die gut ausgeleuchteten Fotos der Gletschermumie im Kopf und müssen sich mit der abgedunkelten Situation erst zurechtfinden.

DIE SCHWERE DER BUCHSTABEN ...

Die Texte der Einführungen und Objektbeschreibungen wurden im „Ötzi-Stockwerk" bewusst kurz und allgemein verständlich gehalten. Zum einen soll damit die Fülle der Thematiken leichter bewältigt werden können, zum anderen die Situation berücksichtigt werden, dass sich oft viele Menschen in dem Stockwerk aufhalten und die Lesezeit begrenzt ist. Befragt nach der Nützlichkeit der Texte, antworteten die Fokusgruppen bei einer Untersuchung im Jahr 2010 konträr: Einigen fehlt die wissenschaftliche Ausführlichkeit, andere fühlten sich von der Textanzahl überfordert. Der Herkunft der Gäste Rechnung tragend, sind alle Texte im Museum dreisprachig gehalten (Deutsch, Italienisch, Englisch). Zudem bietet das Museum Audioguides auf Französisch und Spanisch an. Nach den jüngsten Touristenzahlen und Migrationsbewegungen führte das Museum 2010 auch Text-Informationskarten zum Mann aus dem Eis in Chinesisch ein. Weitere Sprachen sind in Vorbereitung.

BOZEN?

„Nach dem Besuch im Ötzimuseum waren wir ganz begeistert und ins Gespräch vertieft. Die ganze Familie hat darüber diskutiert, wie Ötzi wohl gelebt haben mag und warum er umgekommen ist, sodass wir gedankenverloren durch die Gassen gelaufen sind und uns gar nicht wirklich daran erinnern können, wie die Stadt Bozen aussieht."
Eine befreundete Familie aus dem fränkischen Würzburg, noch Jahre nach ihrem Museumsbesuch.

Erwartungshaltung und Zeitgestaltung des Besuchs. Hauptmotivation für den Erstbesuch des Südtiroler Archäologiemuseums ist in den meisten Fällen der Wunsch, den Mann aus dem Eis zu sehen (interne Umfrage aus dem Jahr 2002). Personen, die nur einmal schnell zu „Ötzi hin und zurück" eilen möchten, sind ausgesprochen selten. Einmal im Ötzi-Stockwerk angekommen, nehmen Groß und Klein dagegen meist erstaunt wahr, dass zu „Ötzi" noch viel mehr als der mumifizierte Körper gehört, für den sie ursprünglich gekommen waren, und vergessen darüber bisweilen die Zeit. Die hoch entwickelten Beifunde, die spannende Fund- und Medizingeschichte sowie die Nähe des Mannes aus dem Eis zur eigenen Erfahrungswelt fesseln das Interesse und lassen den Großteil der Besucher und Besucherinnen (Einzelbesucher und Familien) zwischen 1, 2 und 5 oder mehr Stunden im Museum verbringen (Umfragen 2004 und 2009), wobei häufig die meiste Zeit dem Ötzi-Stockwerk gewidmet ist.

Als externer Einfluss wirkt sich auf das jeweilige, vor dem Besuch aufgebaute Bild der Name aus, mit dem die Gäste das Museum bezeichnen: „Ötzimuseum", so lautet die gängige Bezeichnung für das Südtiroler Archäologiemuseum vor allem im deutschen Sprachraum, und häufig werden die beiden Begriffe auch nicht mit derselben Institution in Verbindung gebracht. Durch diese Namensverfälschung verändert sich auch die Erwartungshaltung in Bezug auf das Gezeigte in der Ausstellung, und nicht wenige sind erstaunt und positiv überrascht darüber, dass im Museum außer dem Mann aus dem Eis auch Funde zur Archäologiegeschichte des südlichen Alpenbogens zu besichtigen sind (Untersuchung 2010).

Sensationslust und Faszination. Insgesamt ändert sich bei den meisten Menschen die Relation zum gesamten Fundkomplex. Während vorher Neugier, auch Sensationslust oder Schauder überwiegen, die zum Besuch der Mumie führen, nimmt nach dem Besuch die Bedeutung des Toten im Gesamterlebnis zugunsten einer Faszination über steinzeitliches Leben ab. Nicht wenige Besucher und Besucherinnen verlassen das Haus deshalb mit vielen Anregungen und Theorien über das Leben in der Kupferzeit oder auch über das persönliche Schicksal des Mannes aus dem Eis. Denn fasziniert bleiben sie nicht ausschließlich für Ötzi als Mumie, sondern im Verlauf des Museumsbesuches zunehmend für Ötzi als Persönlichkeit. Nicht nur die ungeklärten Umstände, die zu seinem Tode führten, geben Anlass zu Diskussionen. Die Vorstellung von Ötzi ist geprägt von medialen Darstellungen der „unterentwickelten" Steinzeitmenschen. Bei der Betrachtung seiner Ausrüstungsgegenstände wird meist zunehmend bewusst, welches Wissen die Menschen in der Kupferzeit über die Natur hatten. Der Blick auf die Auswahl und die Verarbeitung der unterschiedlichen Rohstoffe scheint inkompatibel mit der Vorstellung eines „unzivilisierten" Menschen aus der Vergangenheit, was umso größeres Staunen bewirkt.

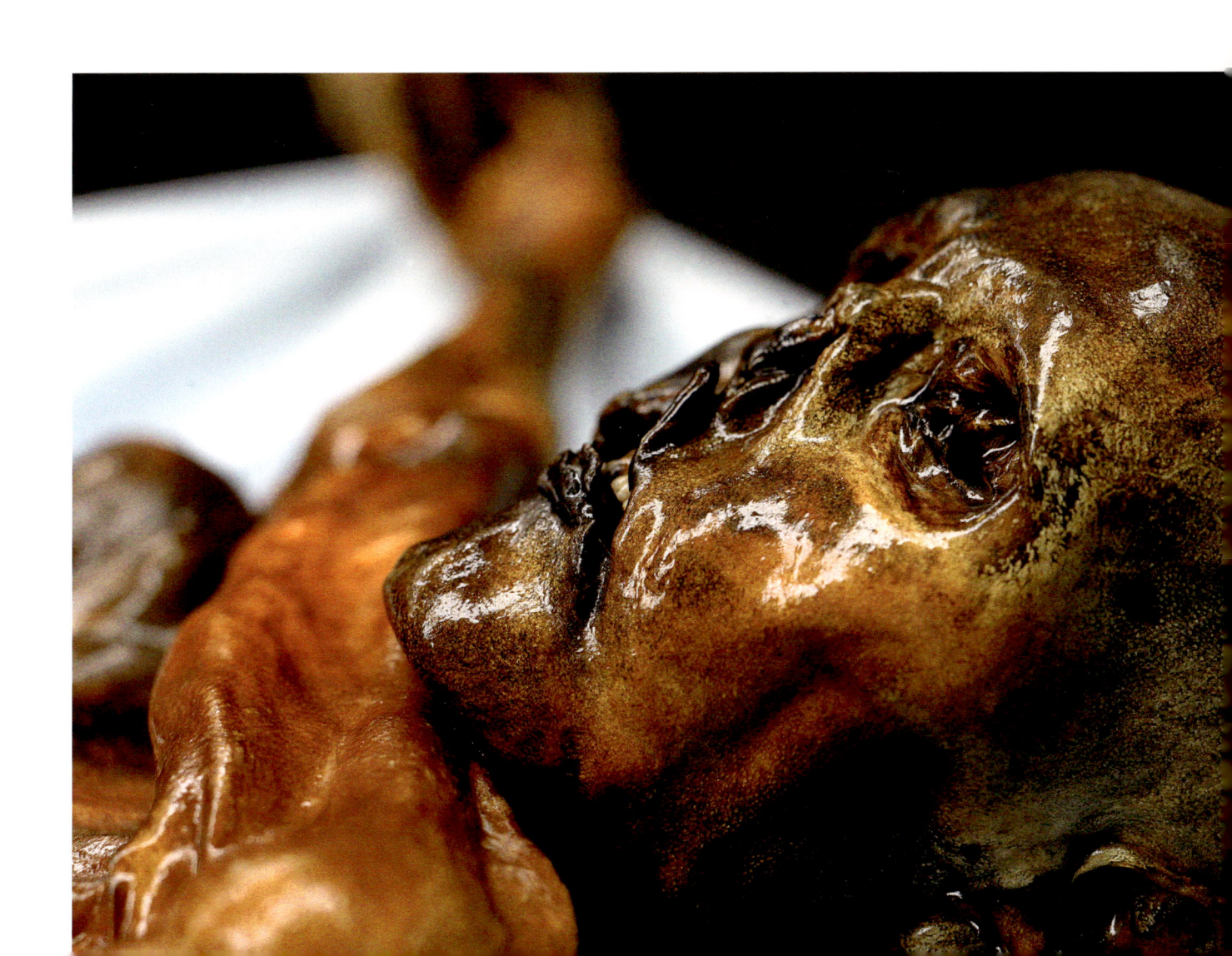

← *TABLEAU VIVANT*
Brigitte Niedermair
Ehemalige Ötzi-Nachbildung im Südtiroler Archäologiemuseum

↓ Ötzis Gesicht

Begegnung mit einem toten Menschen. Viele Menschen hatten vor ihrem Besuch im Archäologiemuseum noch keine oder wenige Gelegenheiten, einem toten Menschen gegenüberzutreten. Verstorbene sind zunehmend der häuslichen Atmosphäre entzogen und werden in geriatrischen Einrichtungen, Krankenhäusern oder Leichenhallen für ihre Angehörigen „unsichtbar". Die Begegnung mit einem Leichnam in einer geschützten Umgebung ist für viele Erwachsene und Kinder deshalb auch aus diesem Grund ein sehr beeindruckendes Erlebnis. Die Betrachtung des ausgestellten Leichnams rührt in der Folge oft an zentrale Lebensthemen, die sich in verschiedensten Diskussionsbeiträgen und Fragen äußern, denen ein Archäologiemuseum ohne Mumie in der Regel nicht ausgesetzt ist.

Zwischen Staunen und Mythos: Reaktionen auf den Mann aus dem Eis. Die Begegnung mit Ötzi wirft je nach Kultur und Vorbildung der Gäste häufig Fragen nach dem persönlichen Schicksal des Mannes aus dem Eis auf. Einige wenige Menschen reagieren im Angesicht der Mumie mit einem hohen Grad an Identifikation, die von Mitleid bis Ekel oszillieren kann, mit Angst und Aberglauben (der von den Medien inszenierte „Fluch des Ötzi" findet hier seinen Niederschlag), oder die Menschen sorgen sich, dass seine „Seele" in der Kühlzelle keine Ruhe finde. Aufgrund jahrelanger Schulung und Erfahrung kann das Museumspersonal diesen Reaktionen jedoch professionell entgegnen. Dies sind aber seltene Ausnahmen. In den allermeisten Fällen überwiegt die Faszination der Besucher und Besucherinnen für den gesamten prähistorischen Fundkomplex und erweckt eine Art von Respekt vor einem Menschen, der sich in die Reihe der eigenen Vorfahren einreihen könnte. Die überwiegende Mehrheit kann im Archäologiemuseum mit der Thematik zum Mann aus dem Eis gut umgehen und empfindet das Kennenlernen von Mann und Thema als positives Erlebnis und persönliche Bereicherung. In einer Untersuchung 2010 zum Museumsnamen wird das Museum von den befragten Fokusgruppen mit seiner zurückhaltenden Art der Präsentation ausnahmslos als richtiger Ort für die Aufbewahrung der Mumie empfunden.

25 SYMPATHISCH   UNSYMPATHISCH **6**   **29** OPFER   ANGREIFER **7**   **14** GEBRECHLICH   VITAL **24**   **23** ALT   JUNG **14**   **15** AGGRESSIV

Lebenslange Mumiendiskussion. Die Erfahrung mit den Reaktionen von Museumsbesucher und -besucherinnen hat gezeigt, dass die Diskussion um die Mumie so lange offen bleiben wird, als immer neue Menschen das Museum besuchen, die sich zum ersten Mal mit der Thematik „Mann aus dem Eis" und in der Folge auch mit eigenen Lebensthemen auseinandersetzen. Diese zutiefst menschlichen Bedürfnisse werden von den Museumsmitarbeitern wahr- und ernst genommen. Die permanente Aktualität dieses Themas bleibt in jedem Fall eine spannende Herausforderung. Innerhalb des Museums fließt sie in regelmäßige Evaluation und Qualitätsverbesserung der didaktischen Angebote und Führungskonzepte ein und bietet immer wieder Anlass zu interner Auseinandersetzung im Umgang mit einem Toten im Museum.

WER WAR ÖTZI?

2010 wurden 45 Personen in Fokusgruppen zu ihrer Einstellung zum Mann aus dem Eis befragt. Die Zuweisung der Eigenschaften hängt stark davon ab, ob die Besucher und Besucherinnen Ötzi eher als lebendige Person in seiner damaligen Zeit verorten oder ihn als Mumie im Museum und deshalb eher als Objekt ansehen.

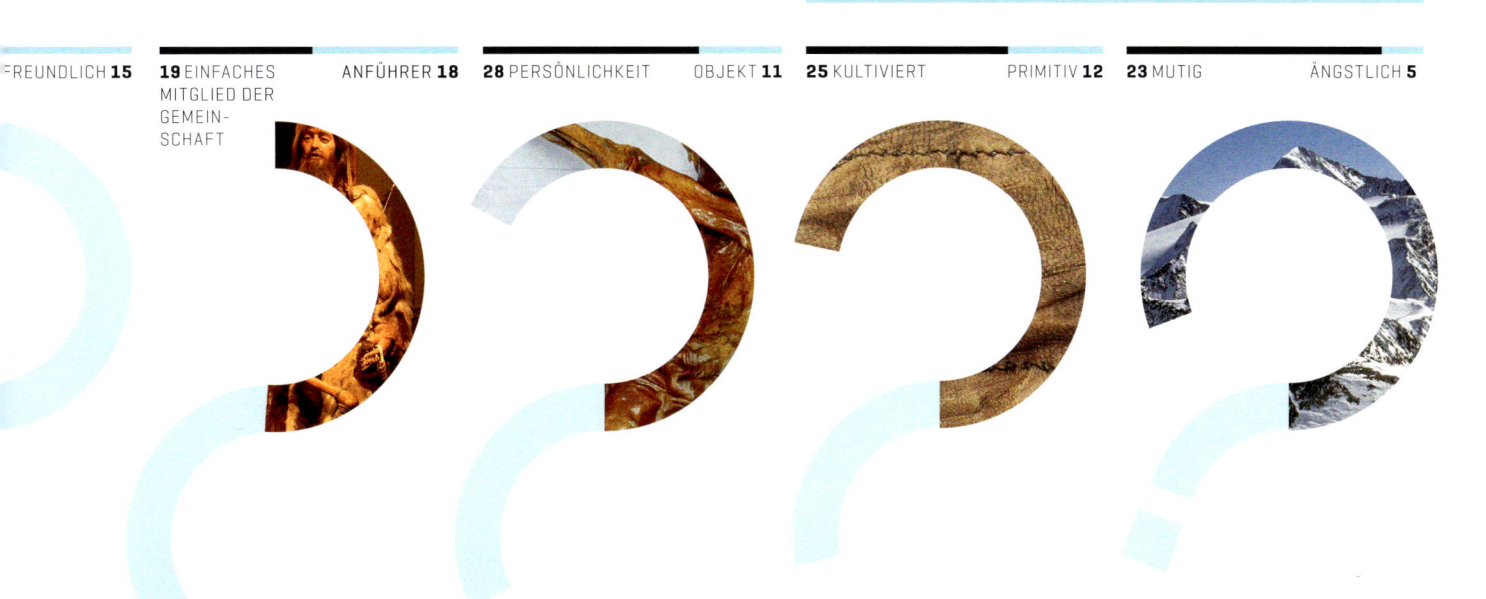

FREUNDLICH **15** **19** EINFACHES MITGLIED DER GEMEINSCHAFT ANFÜHRER **18** **28** PERSÖNLICHKEIT OBJEKT **11** **25** KULTIVIERT PRIMITIV **12** **23** MUTIG ÄNGSTLICH **5**

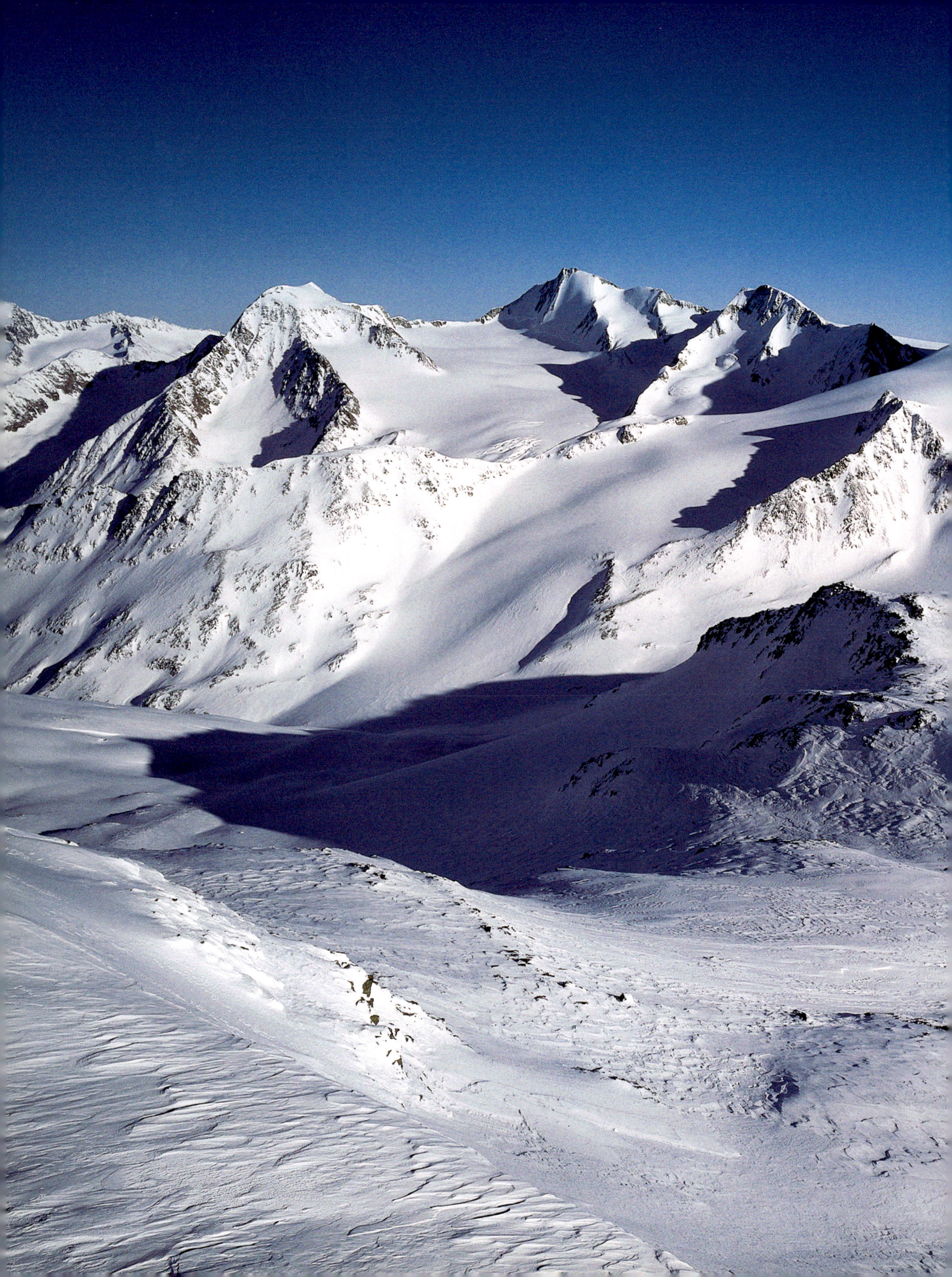

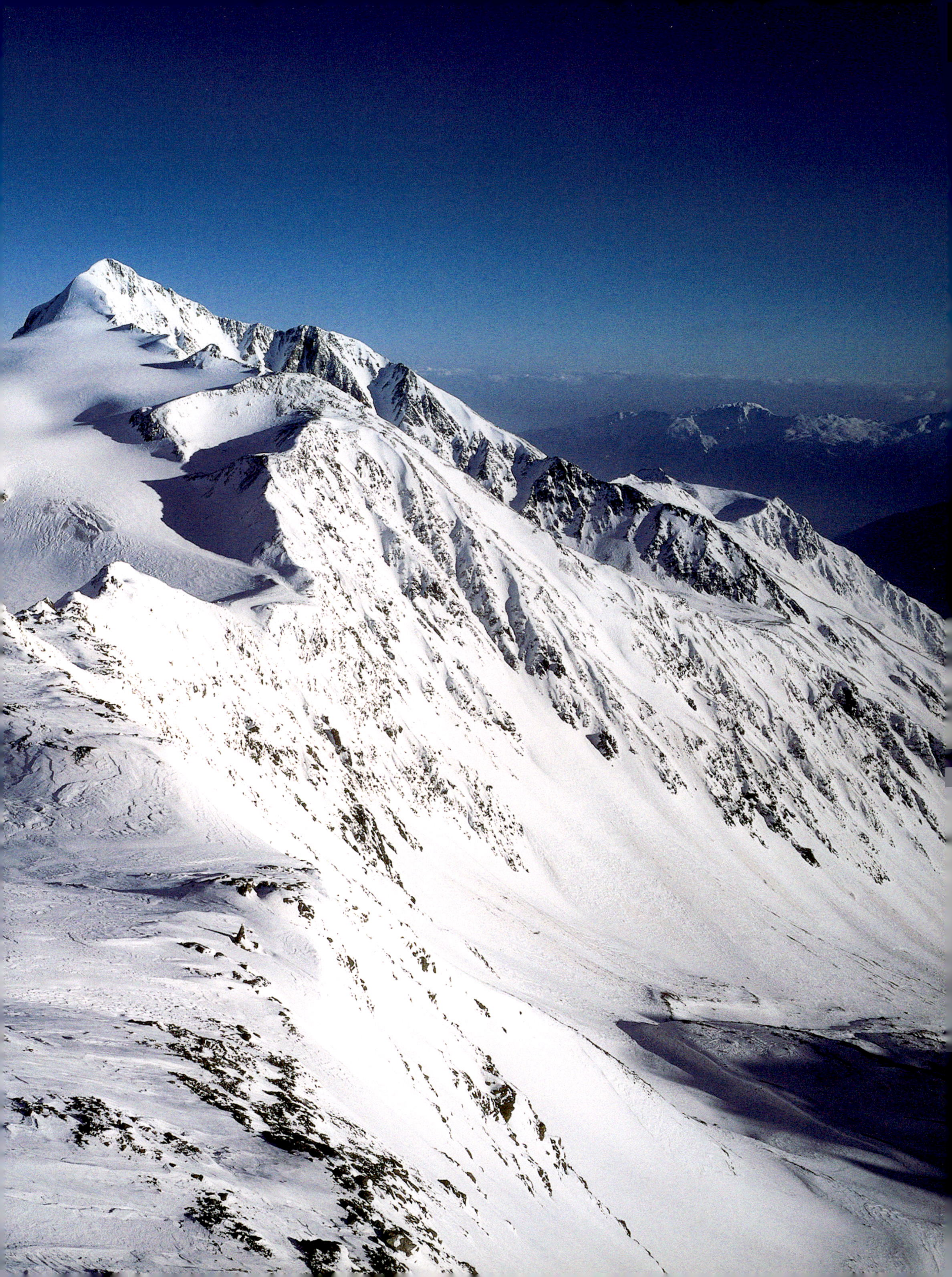

KONSERVIERT FÜR DIE EWIGKEIT?

ALBERT ZINK

Die Konservierung des Mannes aus dem Eis stellt eine besondere Herausforderung dar, in der es gilt, die Eigenheiten der Fundsituation und Mumifizierungsart zu berücksichtigen. Die Gletschermumie war auf natürliche Weise in den Ötztaler Alpen, in unmittelbarer Nähe des Bergs Similaun, in 3210 m Höhe über einen Zeitraum von 5000 Jahren in einzigartiger Weise erhalten geblieben. Es geht nun darum, diese Bedingungen in Schnee und Eis annähernd künstlich herzustellen, um eine fachgerechte Konservierung gewährleisten zu können.

Der Mumifizierungsprozess – Schlüssel zur Konservierung. Es kann davon ausgegangen werden, dass der Mann aus dem Eis die meiste Zeit von Schnee und Eis bedeckt war, möglicherweise unterbrochen von Perioden, in denen der Körper ausaperte und die Einwirkung von Sonne und Wind seine Austrocknung begünstigten. Trotz jahrelanger Forschung ist es bislang nicht gelungen, die Mumifizierung des Mannes aus dem Eis vollkommen zu verstehen, und es gibt unter den Wissenschaftlern und Wissenschaftlerinnen immer noch sehr kontroverse Auffassungen dazu. Die verschiedenen Theorien reichen dabei von der Vorstellung, der Mann aus dem Eis wäre rasch nach dem Tod von einer Schneedecke bedeckt worden und über die Tausende von Jahren durch die stetige Kälte und Trockenheit einer Art Gefriertrocknungsprozess ausgesetzt gewesen. Andere wiederum gehen davon aus, dass der Körper zunächst frei an der Oberfläche oder im Schmelzwasser lag und durch Sonne und Wind ausgetrocknet und erst in späteren Jahren von Schnee und Eis bedeckt wurde.

→ Viel Technik ist für die **Konservierung** der Mumie notwendig
↩ **Tisenjoch** und **Similaun**

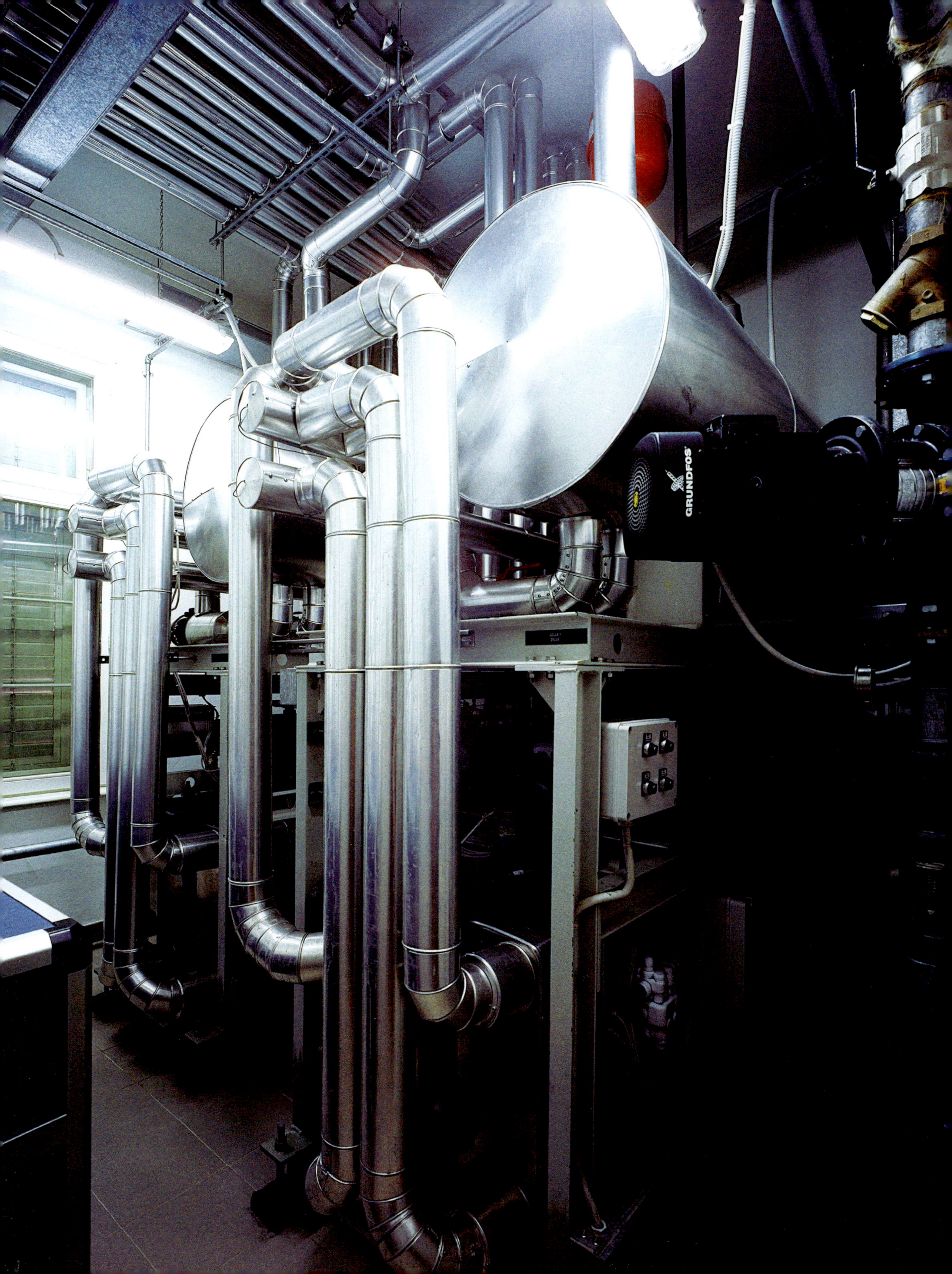
GRUNDFOS

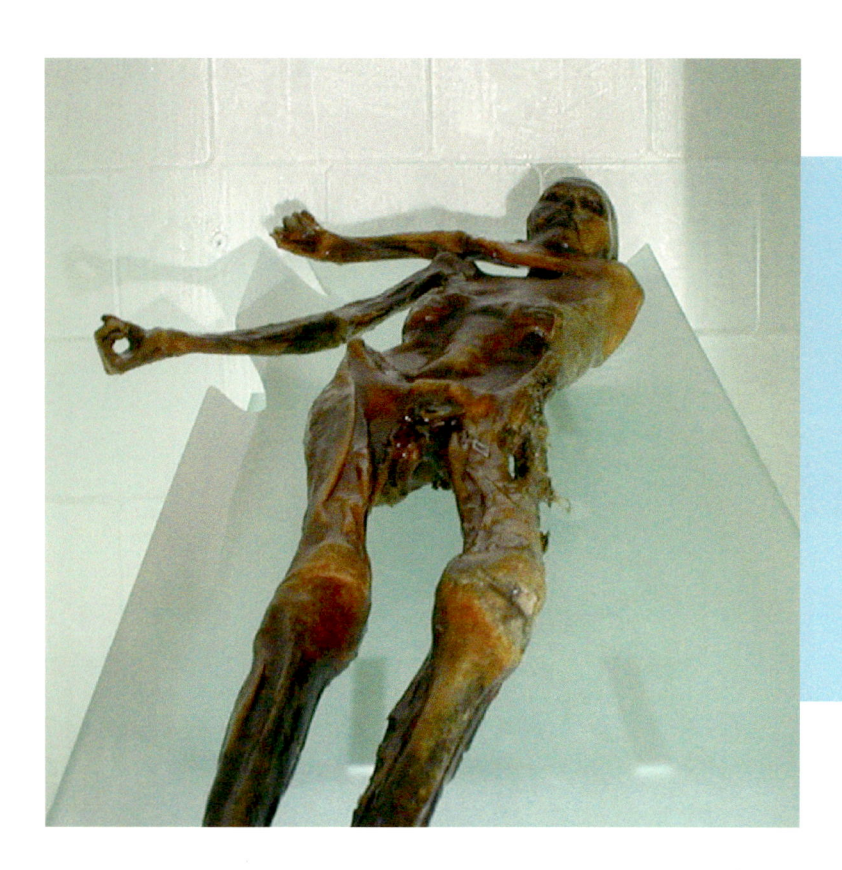

ATYPISCH

Obwohl der Mann aus dem Eis im Hochgebirge gestorben ist, handelt es sich nicht um eine typische Eis- bzw. Gletscherleiche.

Um die Frage nach der Mumifizierung besser beurteilen zu können, ist es nötig, die Mumie genauer zu betrachten. Normalerweise kommt es bei Leichen, die in einem feuchten Milieu, wie beispielsweise Wasser oder auch Eis, bei relativ geringem Sauerstoffgehalt über längere Zeit lagern, zu einer sogenannten Fettwachsbildung. Dabei handelt es sich um eine chemische Umwandlung des Körperfettes in eine wachsartige Substanz, die auch als Leichenlipid bezeichnet wird.

Eine ausgedehnte Fettwachsformation kann sich über mehrere Jahre hinweg ausbilden und sämtliche Weichgewebe und Organe einer Leiche betreffen. Bei Gletschermumien können gleichzeitig Faktoren auftreten wie beispielsweise Luftzufuhr, Wasserentzug und Sonneneinstrahlung, die wiederum eine Austrocknung des Körpers begünstigen, wodurch der Prozess der Fettwachsbildung verlangsamt bzw. gestoppt wird. In Abhängigkeit davon, wie frühzeitig die Austrocknung eingesetzt hat, werden derartige chemische Umbauprozesse verhindert, und es kommt zu einem besseren Erhalt der Weichgewebe bei einem Mumienfund. Im Falle des Mannes aus dem Eis finden sich allerdings keine bzw. nur sehr geringe Spuren von Fettwachsbildung. Dies spricht eindeutig dafür, dass während des Mumifizierungsprozesses ausreichend Sauerstoff vorhanden war und ein relativ trockenes Milieu vorgeherrscht haben muss. Dies könnte dadurch gegeben gewesen sein, dass der Mann aus dem Eis nach seinem Tod noch für einen bestimmten Zeitraum frei an der Oberfläche lag und durch Sonne und Wind zunächst ausgetrocknet und später mit Eis und Schnee bedeckt wurde. Dagegen spricht allerdings, dass sein Körper damit auch frei zugänglich für Insekten oder Fleisch fressende Tiere gewesen wäre, die dementsprechend ihre Spuren hinterlassen hätten. Dafür fehlen an der Mumie aber jegliche Hinweise. Daher erscheint es am wahrscheinlichsten, dass der Mann aus dem Eis sehr bald mit einer schützenden Schneedecke überzogen wurde, die dennoch einen stetigen Luftaustausch ermöglichte. Einen weiteren Beleg, dass die Mumifizierung im Wesentlichen durch eine Art Gefriertrocknungsprozess stattgefunden hat, liefert eine aktuelle Studie, in der wir gemeinsam mit der Universität München nanotechnologische Untersuchungen von Gewebeproben des Mannes aus dem Eis durchführten. Dabei zeigte sich, dass das Stützprotein, Kollagen, in der Mumie zwar ausgezeichnet erhalten ist, aber auch Veränderungen in der Elastizität aufweist, die höchstwahrscheinlich durch Gefriertrocknung hervorgerufen wurden. Dennoch handelt es sich beim Mann aus dem Eis um eine sogenannte „Feuchtmumie", da sich im Gewebe der Mumie noch eine gewisse Menge an Feuchtigkeit befindet, die dem Körper im aufgetauten Zustand eine gewisse Elastizität verleiht. Diese Tatsache beinhaltet auch Gefahren, da die vorhandene Feuchtigkeit einen potenziellen Nährboden für Bakterien und Schimmelpilze bildet, die bei unsachgemäßer Aufbewahrung schnell zur Beschädigung bzw. zur Degradation der Mumie führen können.

Neue Wege in der Konservierung. Erstes Ziel der Konservierungsstrategie musste sein, die Konditionen, in denen die Mumie über die vielen tausend Jahre gelagert war, annäherungsweise nachzustellen. Dazu wurde im Südtiroler Archäologiemuseum bereits zur Eröffnung im Jahre 1998 eine spezielle Kühlzelle entworfen und installiert, in der die Mumie bei einer Temperatur von etwa −6 bis −7 °C und bei 95 bis 98 Prozent relativer Luftfeuchtigkeit in weitestgehend steriler Umgebung aufbewahrt und auch ausgestellt werden konnte.

Durch die Kombination aus Minusgraden und fast gesättigter Luftfeuchtigkeit sowie einer konstanten Überwachung und Regulierung der Parameter gelang es, die Mumie in einem weitestgehend stabilen Zustand zu konservieren. Zudem wurden speziell angefertigte Eisplatten aus sterilem Wasser an die Wände der Kühlzelle angebracht, um eine möglichst gleichmäßige Temperaturverteilung in der Zelle und eine Verbesserung der Luftsättigung zu erreichen. Eine weitere Verbesserung wurde erreicht, in dem die Mumie in regelmäßigen Abständen mit sterilem Wasser besprüht wird, und sich dadurch eine feine, durchsichtige Eisschicht auf der Mumie bildet. Durch diese Behandlung konnte ein langsames Austrocknen der Mumie verhindert und der wasserbedingte Gewichtsverlust der Mumie auf ca. 1 bis 2 g pro Tag reduziert werden. Diese temporäre Gewichtsreduktion wird dabei jeweils durch den Besprühvorgang wieder ausgeglichen, und die Mumie bleibt unter dem Strich bei einem konstanten Gewicht. Parallel dazu erfolgen laufend morphologische und fotovisuelle Kontrollen der Mumie und ihrer Hautoberfläche, um eventuelle Veränderungen am Mann aus dem Eis frühzeitig zu erkennen und gegebenenfalls Gegenmaßnahmen umgehend einleiten zu können.

Insgesamt konnte durch stetige Optimierungen der Konservierungsbedingungen insbesondere hinsichtlich der Temperatur und Luftfeuchtigkeit eine sehr stabile Atmosphäre geschaffen werden, die durchaus auch für einen langfristigen Erhalt der Gletschermumie geeignet scheint. Dennoch gibt es noch einen weiteren wichtigen Parameter im Rahmen der Konservierungsstrategie, der gerade bei orga-

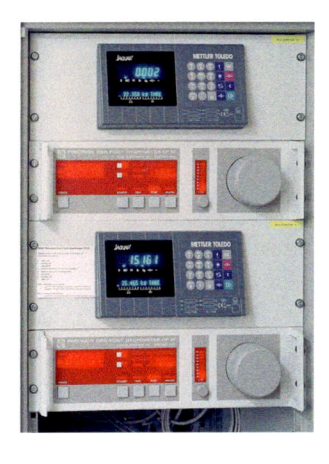

↑ Überwachungssystem

156 KONSERVIERT FÜR DIE EWIGKEIT?

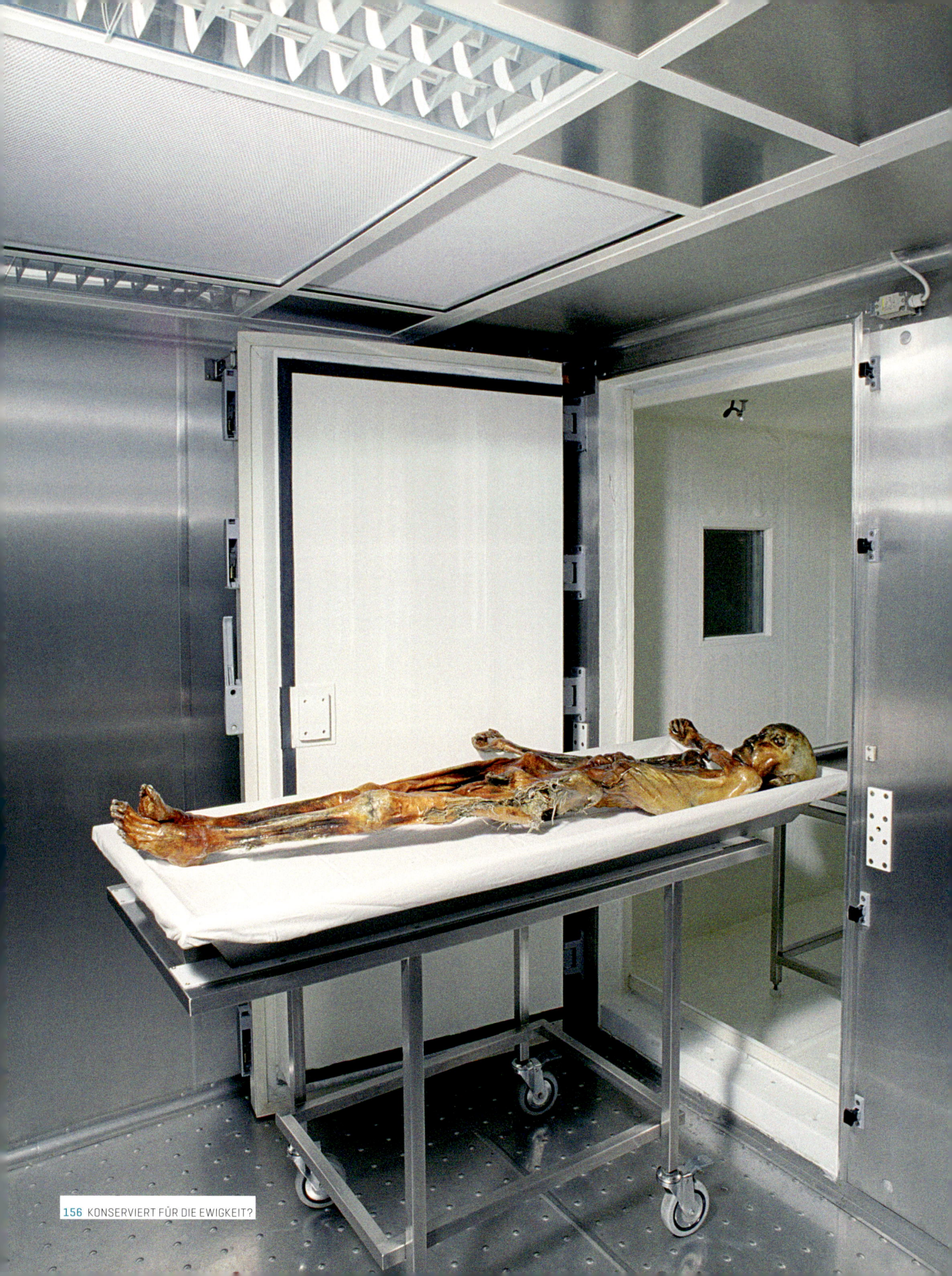

↤ Der Mann aus dem Eis während des **Transfers** in die Kühlzelle

nischen Materialien im musealen Umfeld in den letzten Jahren zunehmend an Bedeutung gewonnen hat. Dabei geht es um die Verwendung von Stickstoff anstatt der normal vorherrschenden Luftatmosphäre, die neben Stickstoff vor allem Sauerstoff und einige andere Gase enthält. Gerade Sauerstoff ist ein sehr reaktives Gas und ist verantwortlich für zahlreiche oxidative Prozesse, die sowohl anorganische als auch biologische Materialien sehr stark schädigen können. Zudem ist Sauerstoff Lebensgrundlage für den Großteil der Lebewesen, vor allem auch für Mikroorganismen wie Pilze und Bakterien, die eine stetige potenzielle Gefahr für die Konservierung von organischen Materialien und gerade auch von Mumienfunden darstellen. Bei Stickstoff hingegen handelt es sich um ein geruchloses, farbloses und nicht-reaktives Gas, das zudem im Vergleich zu den Edelgasen sehr kostengünstig erworben oder direkt aus der Luftatmosphäre gewonnen werden kann.

Im Falle des Mannes aus dem Eis verhindern bislang die tiefen Temperaturen sowie die sterile Umgebung in der Kühlzelle ein offensichtliches Wachstum von Mikroorganismen. Dennoch sind stetige mikrobiologische Kontrollen und ein absolut keimfreies Arbeiten innerhalb der Zelle während der Untersuchungen und eventueller Probenentnahmen an der Mumie erforderlich. Des Weiteren lässt sich die Gefahr des Vorhandenseins von Bakterien, die vielleicht ein Ruhestadium eingenommen oder sich an ein Leben in der Kälte angepasst haben, im Inneren der Mumie nicht ausschließen. Diese könnten selbst bei einem sehr langsamen bzw. verzögerten Wachstum in Zukunft zu einem massiven Problem für den Langzeiterhalt der Gletschermumie werden. Somit war es ein weiterer notwendiger Schritt in den Bemühungen, den Mann aus dem Eis für die Ewigkeit zu konservieren, sich mit der Frage der Machbarkeit einer Stickstoffkonservierung intensiv zu beschäftigen. In Zusammenarbeit mit dem Südtiroler Archäologiemuseum plante das Institut für Mumien und den Iceman (EURAC) ein Projekt, in dem auf die Erfahrung des Konservierungsexperten, Marco Samadelli, zurückgegriffen werden konnte, der gleichzeitig als zuständiger Museumstechniker den Mann aus dem Eis von Beginn an begleitet hat und an der Optimierung der Kühlzelle entscheidend mitgewirkt hat. Fachliche Unterstützung kam des Weiteren von Prof. Vito Fernicola vom Nationalen Institut für Metrologische Forschung in Turin, der bereits seit vielen Jahren für die präzise Kontrolle und Regulierung der Konservierungsbedingungen mitverantwortlich zeichnet. Im Rahmen des Projekts musste zunächst überprüft werden, ob ein Austausch der Raumluft durch eine reine Stickstoffatmosphäre negative Auswirkungen auf die Mumie haben könnte. Es musste zum Beispiel ausgeschlossen werden, dass Farbveränderungen an der Oberfläche des Mannes aus dem Eis auftreten oder die veränderte Zusammensetzung der Kühlzellenatmosphäre zu leichten Schäden der Hautoberfläche in Form von Rissen o. Ä. führen könnten. Weitaus bedeutender aber war die Frage, ob eine reine Stickstoffatmosphäre unmittelbare Auswirkungen auf die komplexen, über viele Jahre optimierten Temperatur- und Feuchtigkeitsparameter haben würde, und inwiefern eine Anpassung der Konservierungseinstellungen einschließlich der praktischen Anwendungen, wie das Verwenden der Eisplatten und die regelmäßige Sprühbehandlung, nötig werden würde.

Zunächst musste aber sichergestellt werden, dass die Zelle ausreichend dicht verschlossen werden kann, um den Austritt des Stickstoffs bzw. den Austausch mit der normalen Luft zu vermeiden. Dazu mussten neue Dichtungen eingebaut und die Innenwände der Zelle mit einer speziellen Beschichtung versehen werden. In einem weiteren Schritt wurde gemessen, wie viel Zeit benötigt wird, um die Kühlzelle mit Stickstoff bzw. mit Raumluft zu befüllen. Dies sind wichtige Parameter, da ein Gasaustausch nötig ist, um Arbeiten in der Zelle bzw. an der Mumie zu ermöglichen. In der nächsten, sehr wichtigen Stufe der Versuchsabläufe wurde die Verteilung der Temperatur und der relativen Luftfeuchtigkeit in der Zelle während und nach des Einfüllens des Stickstoffs gemessen. Um eine möglichst genaue Kontrolle der Parameter zu gewährleisten, wurde eine komplexe Messstation mit hoch präzisen Messinstrumenten installiert, die eine Matrix von insgesamt 76 Messpunkten ermöglichte und somit die gesamte Zelle in Höhe, Breite und Tiefe abdeckte. Des Weiteren wurde das Gewicht der Vergleichsmumie ständig kontrolliert, um eine möglichen Einfluss des Stickstoffs auf die tägliche verdunstungsbedingte Gewichtsreduktion zu erfassen. Schließlich musste noch ein neues Sicherheitssystem eingebaut werden, um eine Gefährdung des technischen Personals und der Wissenschaftler auszuschließen, die in der Zelle Arbeiten und Kontrollen an der Mumie durchführen wollen. Ein Betreten der Zelle darf erst erfolgen, nachdem der Stickstoff wieder durch normale Umgebungsluft ersetzt wurde, da ansonsten die Gefahr der Erstickung drohen würde. Nach einer mehrmonatigen Testphase konnten folgende Ergebnisse erzielt werden. Während des Einfüllvorgangs des Stickstoffs kommt es zu einer gleichmäßigen Verteilung sowohl der Temperatur als auch der relativen Luftfeuchtigkeit im Inneren der Zelle. Die Werte für Temperatur und relative Luftfeuchtigkeit konnten konstant auf vergleichbare Werte zur Originalzelle des Mannes aus dem Eis eingestellt werden. Der Gewichtsverlust der „Ötzi 3"-Mumie lag bei ca. 2,5 g pro Tag und somit in einer Größenordnung vergleichbar zur Gletschermumie, die noch unter Luftatmosphäre lagerte. Erfreulicherweise konnten keinerlei Veränderungen der Haut oder der Oberflächenbeschaffenheit an der Versuchsmumie beobachtet werden. Selbst das mehrmalige Befüllen mit Stickstoff und der damit verbundene Gasaustausch in der Kühlzelle zeigte keinerlei negativen Einfluss auf die Mumie und die Konservierungsparameter. Somit konnte im Rahmen des Projekts erfolgreich gezeigt werden, dass die Umstellung der Konservierung des Mannes aus dem Eis auf eine reine Stickstoffatmosphäre ohne Probleme durchgeführt werden konnte. Es war weiter nicht notwendig, die in den letzten Jahren optimierten Werte für Temperatur und relative Luftfeuchtigkeit im Wesentlichen zu verändern. Es wurden lediglich die oben erwähnten technischen Anpassungen in der Kühlzelle und die erhöhten Sicherheitsvorkehrungen für den Stickstoffbetrieb erforderlich. Selbst die regelmäßigen Kontrollen der Mumie und die Erneuerung der feinen Eisschicht können weiterhin problemlos durchgeführt werden. Von besonderer Bedeutung sind dagegen die Vorteile, die eine Stickstoffkonservierung mit sich bringen. Potenziell schädliche foto- und auch chemisch-oxidative Prozesse können nun nicht mehr stattfinden. Ein Wachstum bzw. Überleben von aeroben Mikroorganismen, also Bakterien und Pilzen, die auf Basis von Sauerstoff leben, wird vollständig

ÖTZI 3

Um jegliche Gefährdung der Gletschermumie im Rahmen des experimentellen Stadiums zu vermeiden, wurde für die Vorversuche eine künstlich hergestellte Mumie verwendet. Die als „Ötzi 3" bezeichnete Leiche eines Körperspenders wurde bereits vor vielen Jahren am anatomischen Institut der Universität Innsbruck einem dem Mann aus dem Eis ähnlichen Mumifizierungsverfahren unterzogen, um die Möglichkeit von vergleichenden Untersuchungen mit dem Original zu ermöglichen. In einer im Museum vorhandenen zweiten, identischen Kühlzelle konnten nun gefahrlos Experimente unter Stickstoffatmosphäre durchgeführt werden.

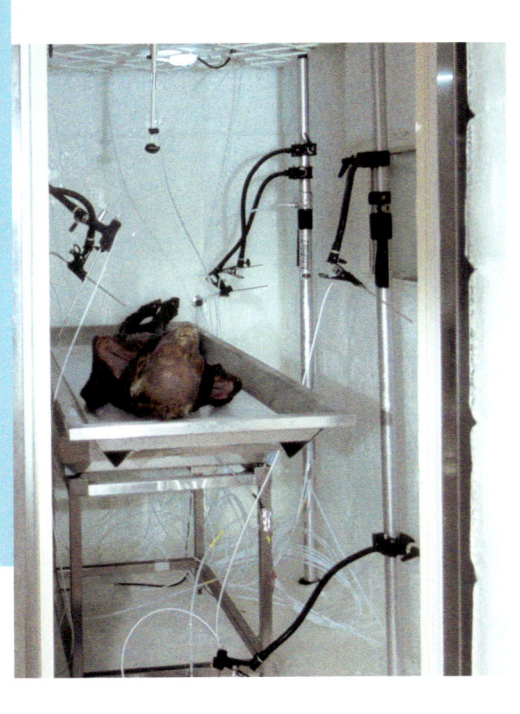

---

verhindert. Somit bedeutet die Stickstoffatmosphäre insgesamt eine deutliche Verbesserung der Konservierungsbedingungen und erhöht damit die Aussichten auf einen möglichst langfristigen Erhalt der Gletschermumie.

Trotz aller Bemühungen des Museums und des Instituts für Mumien und den Iceman soll nicht unerwähnt bleiben, dass die Konservierung der Gletschermumie immer noch nicht zu unserer 100-prozentigen Zufriedenheit gelöst werden konnte. Gerade die Sichtbarkeit der Mumie im Museumsbetrieb, die durch ein Glasfenster und entsprechende Beleuchtung im Inneren der Zelle gewährleistet sind, limitiert die Möglichkeiten, über neue Konservierungskonzepte nachzudenken. Möglicherweise könnte zum Beispiel der konstante Gewichtsverlust der Mumie durch ein vollständiges Einfrieren in einen Eisblock oder bei Verwendung von deutlich tieferen Temperaturen verhindert werden. Allerdings würde eine derartige Aufbewahrung nicht nur die Visibilität des Mannes aus dem Eis negativ beeinflussen, sondern auch wissenschaftliche Untersuchungen und Kontrollen deutlich erschweren oder sogar unmöglich machen. Daher ist die momentane Lösung zwar einerseits als Kompromiss anzusehen, andererseits wurde aber gerade durch die erneute Optimierung mithilfe der Stickstoffkonservierung die zurzeit bestmögliche Lösung gefunden, die Gletschermumie auf lange Sicht sicher zu erhalten und sowohl den Museumsbesuchern und -besucherinnen als auch den Wissenschaftlern und Wissenschaftlerinnen weiterhin neue Einblicke in das Leben dieses faszinierenden Menschen zu ermöglichen.

In enger Zusammenarbeit mit allen beteiligten Einrichtungen und mithilfe stetig fortschreitender Forschung und technischer Entwicklung werden wir uns weiter intensiv mit dieser Thematik beschäftigen, um am Ende unser großes Ziel zu erreichen: die Konservierung des Mannes aus dem Eis für die Ewigkeit.

BILDNACHWEIS IMPRESSUM

O = OBEN
U = UNTEN
L = LINKS
R = RECHTS
M = MITTE

BERGER, KARL: 109
CLARK, ROBERT: 8-9, 20-21
ENGEL, HEIKE (21LUX): 97, 98, 101, 102-103, COVER
EURAC: 27 U, 90
FERRERO: 113
GEHWOLF, HANNES: 53, 60
GRUBER, KARL: 47
GRUPPE GUT: 18 R
HANNI, PAUL: 48, 52
HOFER, HANS: 106
JANDÁČEK, PETR: 14
KOHLER, ANTON, POLIZEI INNSBRUCK: 28 O, 45
LIPPERT, ANDREAS: 27 O, 42-43, 78
MÜLLER, WOLFGANG: 24
NOSKO, WERNER: 50, 72 O
OLIVER, MARILENE: 128, 129
QUILICI, BRANDO: 77
RÖMISCH-GERMANISCHES
ZENTRALMUSEUM MAINZ: 36 UL
SCHERER, MAX: 51, 54
SEEHAUSER, OTHMAR:
15, 17, 46, 59, 62, 64, 72 U, 83, 84, 87, 105
SÜDTIROLER ARCHÄOLOGIEMUSEUM:
    71, 74, 80-81, 88, 93, 115, 124, 126,
    130-131, 143, 147, 153, 154, 155, 156, 159
    DPI: 133, 137
    EURAC, SAMADELLI, MARCO/STASCHITZ, GREGOR:
    68-69, 94-95, 120-121, 123
    NIEDERMAIR, BRIGITTE: 140-141, 146
    OVERKAMP, MARION: 6, 18 L, 19, 116
    OCHSENREITER, AUGUSTIN:
    23, 31 OL, 31 M, 32, 33 O, 33 M, 34 OR, 35 U,
    37 O, 37 UR, 38, 39 O, 40, 56-57
    REGIONALKRANKENHAUS BOZEN: 73, 76
TAPPEINER WERBEFOTO & VERLAG:
110-111, 150-151
UNIVERSITÄT INNSBRUCK /
BLAICKNER, ANDREAS/ SCHICK, MICHAEL:
28 U, 30 O, 30 U, 31 HINTERGRUND, 34 OL, 34 UL,
35 R, 36 O, 36 UR, 37 UL, 39 U, 61

Umschlaggestaltung: Gruppe Gut, Bozen, unter Verwendung eines Fotos der neuen Ötzi-Rekonstruktion von Kennis & Kennis, Arnhem

Lizenzausgabe des Folio Verlags
Wien – Bozen 2011
© 2011 Konrad Theiss Verlag GmbH, Stuttgart
Alle Rechte vorbehalten

Lektorat: Karin Haller, Stuttgart
Satz und Gestaltung:
Gruppe Gut, Bozen
Druck und Bindung: Appl, Wemding

ISBN 978-3-85256-571-2 (Hardcover)
ISBN 978-3-85256-572-9 (Broschur)

www.folioverlag.com